2023

Training

Abschlussprüfung

Realschule Baden-Württemberg

Mathematik

STARK

Bildnachweis:
S. 1: © Joe Gough/Dreamstime.com
S. 83: © Nruboc/Dreamstime.com
S. 92: © mondzart-hohenlohe/pixelio.de
S. 93: © NASA/Visipix.com

16. ergänzte Auflage
www.stark-verlag.de

Inhalt

Um dir die Prüfung 2022 schnellstmöglich zur Verfügung stellen zu können, wird diese in digitaler Form veröffentlicht.
Sobald die Original-Prüfungsaufgaben 2022 freigegeben sind, können sie als PDF auf der Plattform MyStark heruntergeladen werden (Zugangscode vgl. Umschlaginnenseite).

Autoren:
Dieter Gauß, Lukas Hellinger
Wolfgang Matschke, Marc Möllers (Hinweise und Tipps)

Lernvideos und Animationen

Wenn du den QR-Code rechts mit deinem Smartphone oder Tablet scannst, kannst du Lernvideos und interaktive GeoGebra-Animationen abrufen, in denen Basiswissen zu wichtigen Themengebieten behandelt wird. Hast du den QR-Code gescannt, landest du auf einer Übersichtsseite. Das linke Icon startet jeweils das Video, das rechte Icon die Animation.

Im Hinblick auf eine eventuelle Begrenzung deines Datenvolumens empfehlen wir, dass du dich beim Ansehen der Videos im WLAN befindest. Hast du keine Möglichkeit, den QR-Code zu scannen, findest du die Lernvideos auch unter:
https://www.stark-verlag.de/qrcode/lernvideos_08100

Themen der Lernvideos und interaktiven Animationen:

- Strahlensätze
- Diagramme
- Lineare Funktionen (Geraden)
- Verschobene Normalparabel
- Gestreckte/Gestauchte Parabel
- Boxplot
- Baumdiagramm

Auf die Videos/Animationen und alle anderen digitalen Zusätze zu diesem Band kann auch auf www.stark-verlag.de/mystark zugegriffen werden. Der Zugangscode ist auf der Umschlaginnenseite vorne im Buch zu finden.

Vorwort

Liebe Schülerin, lieber Schüler,

mit vorliegendem Buch kannst du dich langfristig und nachhaltig auf die zentrale Abschlussprüfung in Mathematik vorbereiten.
Gerade bei einer zentral gestellten Prüfung ist das **Grundlagenwissen** besonders wichtig. Die Aufgaben in der Prüfung bauen auf einem möglichst breiten Wissen auch aus früheren Jahrgangsstufen auf. Die Prüfungsvorbereitung sollte deshalb eine Gesamtwiederholung darstellen.

- Das Buch beginnt mit einem ausführlichen **Trainingsteil**, in dem du sowohl den grundlegenden Stoff der früheren Klassen wiederholen als auch die Inhalte der 9. und 10. Jahrgangsstufe festigen kannst.
  Die einzelnen Kapitel bieten dir die Möglichkeit, dich auf sämtliche prüfungsrelevante Bereiche intensiv vorzubereiten. In den sechs Kapiteln findest du über 100 Aufgaben, anhand derer du deine Fähigkeiten ganz gezielt auf Prüfungsniveau trainieren kannst. Insbesondere findest du hier Aufgaben zur Vorbereitung auf die Pflichtaufgaben in den Teilen A 1 und A 2 der Abschlussprüfung.
- Im anschließenden Kapitel **Komplexe Aufgaben und Modellierungsaufgaben** findest du Aufgaben auf dem Niveau der Aufgaben des Wahlteils B der Abschlussprüfung. Die Aufgaben sind hier nicht mehr nach Themengebieten unterteilt, sondern – wie in der Prüfung – aus den verschiedensten Bereichen zusammengestellt.
- Im letzten Kapitel findest du die **Original-Abschlussprüfungen 2020 und 2021**, die **Original-Abschlussprüfungen 2022** steht dir auf der Plattform **MyStark** (www.stark-verlag.de/mystark) zum Download zur Verfügung (Zugangscode vgl. Umschlaginnenseite). Hier hast du die Möglichkeit, unter Prüfungsbedingungen zu üben. Beachte, dass sich die Prüfungsdauer und die Struktur der Prüfung 2021 geändert hat, siehe dazu die Hinweise zur Prüfung auf der folgenden Seite. Versuche die Aufgaben in der vorgegebenen Zeit von 3 Stunden (für die Prüfung 2020) bzw. 3 Stunden und 30 Minuten (für die Prüfungen 2021 und 2022) und nur mit den zugelassenen Hilfsmitteln* (Formelsammlung, nicht programmierbarer Taschenrechner, Zeichenwerkzeuge) zu lösen. Wenn du merkst, dass du immer wieder über dasselbe Problem stolperst, solltest du das entsprechende Trainingskapitel wiederholen.
  * In den Prüfungen 2021 und 2022 sind im Teil A1 nur Zeichenwerkzeuge als Hilfsmittel zugelassen.

Zu allen Aufgaben des Trainingsteils, den komplexen Aufgaben und zu den Original-Abschlussprüfungen gibt es in einem separaten Buch (Bestell-Nr. C08100L) ausführliche **Lösungen**, in denen jeder Rechenschritt erklärt ist. Zahlreiche Skizzen zur Veranschaulichung helfen dir beim Nachvollziehen von Sachverhalten. Beachte: Du solltest immer versuchen, die Lösung selbst zu finden, und erst dann mit dem Lösungsbuch vergleichen. Nur wenn man sich selbst anstrengt, bleibt der Stoff auch im Gedächtnis und man lernt dazu.

Wenn du den Inhalt dieses Buches beherrschst, bist du bestens auf die Prüfung vorbereitet. Du wirst sehen: Übung macht den Meister!

Sollten nach Erscheinen dieses Bandes noch wichtige Änderungen in der Abschlussprüfung 2023 vom Schulministerium bekannt gegeben werden, findest du aktuelle Informationen dazu ebenfalls auf der Plattform MyStark.

Die Autoren und der Stark Verlag wünschen dir für die Prüfung viel Erfolg!

Hinweise zur Prüfung

Für die **Prüfungen bis zum Jahrgang 2020** galt eine Gesamtbearbeitungszeit von 3 Stunden, wobei die Verwendung der folgenden Hilfsmittel in allen Prüfungsteilen erlaubt war:

- Formelsammlung (muss zugelassen sein),
- Taschenrechner (darf nicht programmierbar sein),
- Zeichengerät und Parabelschablone.

Die Pflichtaufgaben P 1 bis P 8 mussten alle bearbeitet werden, von den Wahlaufgaben W 1 bis W 4 mussten zwei bearbeitet werden.

Für die **Prüfungen ab dem Jahr 2021** gelten folgende veränderte Rahmenbedingungen:
Die Abschlussprüfung im Fach Mathematik setzt sich aus einer ersten Arbeitsphase für den hilfsmittelfreien Teil A 1 (hier sind Taschenrechner und Formelsammlung **nicht** erlaubt) und einer zweiten Arbeitsphase zusammen, in der der Teil A 2 und der Teil B bearbeitet werden (mit Taschenrechner und Formelsammlung). Bei den Teilen A 1 und A 2 handelt es sich um Pflichtaufgaben, der Teil B enthält die Wahlaufgaben.
Mit dem Teil A 1 gibt es damit einen Prüfungsteil, der ohne Taschenrechner und Formelsammlung bewältigt werden muss. Außerdem wurde die Gesamtarbeitszeit gegenüber den Vorgängerprüfungen auf 210 min (3 Stunden und 30 min) verlängert.

	Zugelassene Hilfsmittel	**Aufgaben**	**Arbeitszeit**
Teil A 1	▸ Zeichenwerkzeug wie z. B. Geodreieck und Parabelschablone	▸ Alle Aufgaben im Teil A 1 sind Pflichtaufgaben.	**45 min**
20 min Pause			
Teil A 2 **Teil B**	▸ Zeichenwerkzeug wie z. B. Geodreieck und Parabelschablone ▸ Formelsammlung (muss zugelassen sein) ▸ Taschenrechner (darf nicht programmierbar sein)	▸ Alle Aufgaben im Teil A 2 sind Pflichtaufgaben. ▸ Im Teil B müssen zwei von drei Aufgaben vollständig bearbeitet werden.	**165 min** **(2 h 45 min)**

Die Aufgaben im **Pflichtteil A 1 und A 2** sind gewöhnlich weniger komplex aufgebaut. Zu ihrer Lösung werden vor allem Grundkenntnisse und Grundfertigkeiten verlangt. Die Aufgaben im hilfsmittelfreien Teil A 1 benötigen in der Regel weniger Rechenschritte als in den anderen Teilen. Wie der Name Pflichtteil sagt, musst du alle Aufgaben lösen.

Die Aufgaben im **Wahlteil B** sind komplex strukturiert und besitzen einen höheren Schwierigkeitsgrad als die Aufgaben des Pflichtteils. Jede Aufgabe besitzt einen a-Teil und einen b-Teil. Die beiden Teile sind in der Regel voneinander unabhängig, d. h. der b-Teil kann ohne den a-Teil gelöst werden und umgekehrt. In jeder Wahlaufgabe kommen entweder im a-Teil oder im b-Teil Aufgaben zu linearen und/oder quadratischen Funktionen vor.
Von den vier zur Verfügung gestellten Aufgaben werden von der Fachlehrkraft drei Aufgaben ausgewählt und den Prüflingen vorgelegt. Von diesen drei Aufgaben sind zwei zu lösen. Welche beiden du löst, kannst du – der Name Wahlteil sagt es – auswählen. Bearbeitest du alle drei gestellten Aufgaben, werden die besten zwei gewertet.

Hinweise und Tipps

Wie man für die Prüfung lernen kann

Mit Tricks und Kniffen mag man vielleicht einmal einen Test oder gar eine Klassenarbeit hinbekommen, bei Abschlussprüfungen dürfte dieses „Verfahren" aber wohl versagen. Gut: Ganz ohne Arbeit wird die Vorbereitung auf die Prüfung wohl keinem gelingen. Beherzigt man aber einige Grundregeln, dann fällt das Lernen leichter und es stellen sich rasch Erfolge ein – und Erfolg bringt meistens auch Spaß bei der Sache.

Vorbereitung auf die Abschlussprüfung

Wichtig ist die innere Einstellung: Betrachte die Mathematik nicht als deinen Gegner. Wer sich selbst etwas zutraut und mit gesundem Selbstvertrauen an eine Sache herangeht, wer sich positiv einer Aufgabe nähert, wer bereit ist zu lernen und sich anzustrengen, lernt leichter und erfolgreicher. Wer immer an sich selbst zweifelt, lernt verunsichert, tut sich schwer und hat meistens weniger Erfolg.
Allerdings: Ein Überschätzen der Fähigkeiten – typische Aussage: „Alles kein Problem" – und die späte Erkenntnis, dass doch nicht alles sitzt, führen zu dem Ergebnis, dass die Prüfungsvorbereitung zu spät beginnt.
Ein realistischer Blick auf das, was zu leisten ist, sowie langfristiges, systematisches Lernen und Arbeiten, gepaart mit einer positiven inneren Einstellung – „Ich werde das schaffen" – führen am sichersten zum Erfolg.

Regeln zur Vorbereitung auf die Abschlussprüfung

- Rechtzeitig mit den Prüfungsvorbereitungen beginnen
  (ca. 12 Wochen vor dem Prüfungstermin)
  - Sichtung der Themengebiete
  - Persönliche Schwierigkeiten mit bestimmten Themengebieten selbstkritisch erkennen
  - Persönliches Zeitraster entwickeln – wann lerne ich was?

Strategien beim Lösen von Aufgaben – Vorbereitung auf die Prüfung

- Lerne nach dem „ICH-DU-WIR"-Prinzip
  - ICH: Beim Lösen von Aufgaben musst du dich immer zuerst selbst auf den Weg machen. Es gehört zu einer sicheren Prüfungsvorbereitung, Aufgaben und Problemstellungen alleine zu lösen. Versuche also immer, zuerst selbst ohne Hilfen das Problem bzw. die Aufgabe zu lösen, das stärkt mit der Zeit dein Selbstvertrauen. Hilfen – in diesem Buch sind es die Lösungen und die Lösungswege – sind sparsam einzusetzen. Also: Nur dann in der Lösung nachschauen, wenn du nicht mehr weiterkommst.
  - DU: Um Fortschritte in den Themengebieten zu machen, ist es oft auch sinnvoll, mit einem Partner zu arbeiten. Ihr lernt dabei, über Aufgaben und Lösungswege zu diskutieren. Du kannst deine Lösungsideen mit den Ideen anderer vergleichen und merkst dabei, was man anders machen könnte.

- WIR: Erst wenn du ein Themengebiet richtig erkundet und deine persönlichen Lern- und Lösungswege gefunden hast, ist es sinnvoll, in Gruppen – nicht mehr als vier oder fünf Personen – noch einmal spezielle Fragen zu besprechen.

- Lege dir einen eigenen Ordner für die Prüfungsvorbereitung an.
- Ständiges Wiederholen ist notwendig.
  - Beim Üben und Vertiefen von Themengebieten musst du die bereits gelernten Themengebiete zwischendurch immer wiederholen. Hier helfen dir die fachspezifischen Übungsaufgaben zum Training Grundwissen.
  - Sinnvoll ist auch immer wieder das Üben über einzelne Themengebiete hinaus – vernetztes Üben. Hier helfen dir die Aufgaben im Stil einer Abschlussprüfung.
- Auswendig lernen?
  - Wichtige Definitionen, Regeln und Formeln zu den einzelnen Themengebieten solltest du auswendig lernen – auch hier gilt: in kleinen „Portionen" speichern und immer wieder wiederholen.

Das Lösen einer mathematischen Aufgabe

Das Lösen einer mathematischen Aufgabe lässt sich in der Regel in vier Phasen unterteilen:

1. Phase

Lesen und Verstehen der Aufgabe

Habe ich alle Wörter verstanden?

- Ist die Aufgabe klar und deutlich?
- Finde ich in der Aufgabe eine Fragestellung?
- Was ist gegeben?
- Was ist gesucht?
- Sind bestimmte Informationen unwichtig?

2. Phase

Suchen eines Lösungsweges und Entwerfen eines Lösungsplanes

Für das Lösen von Aufgaben gibt es zwei Strategien, die auch miteinander kombiniert werden können:

- **Das Vorwärtslösen:** Der Lösungsweg geht davon aus, was **gegeben** ist.
- **Das Rückwärtslösen:** Der Lösungsweg geht davon aus, was **gesucht** ist.

Zwei Fragen können dir behilflich sein:

1. Welches **Themengebiet** wird angesprochen?
   (Welche Regeln, Sätze, Formeln kannst du bei der Lösung der Aufgabe verwenden?)
2. Wie kommst du vom Gegebenen zum Gesuchten?
   - Arbeite mit **Skizzen**, **Figuren** etc.
   - Markiere Größen/Stücke, die du berechnen willst, **farbig**.
   - Entwickle einen **Lösungsplan** und halte die einzelnen Schritte zur Lösung in der zu bearbeitenden Reihenfolge fest.

3. Phase

Das Lösen der Aufgabe

1. Bearbeite die Aufgabe nach deinem Lösungsplan.
2. Löse die Aufgabe sauber und klar strukturiert – lieber einen Zwischenschritt mehr machen.

4. Phase

Kontrolle – Überprüfung der gefundenen Lösung

Überprüfe, ob deine Lösung mit der Aufgabenstellung übereinstimmen kann. Führe, falls möglich, eine Probe durch. Schreibe zu Fehlern, die du gemacht hast, eine Korrektur und markiere sie deutlich.

Der Umgang mit Formeln

Alle vier Phasen zum Lösen einer Aufgabe sind ganz wichtig. Die meisten Schwierigkeiten und Probleme hast du vermutlich mit der 2. Phase (Suchen eines Lösungsweges und Entwerfen eines Lösungsplanes) und der 3. Phase (Lösen der Aufgabe), in der du häufig mit Formeln umgehen musst.

Damit du gezielt üben kannst, wollen wir an einem Beispiel zeigen, wie du mit **wenigen Schritten** zum Erfolg kommen kannst.

Schritt 1

Welcher Themenbereich?

Überlege zunächst, zu welchem Themenbereich diese Aufgabe gehört. Nimm dir dann deine Formelsammlung vor (sie sollte Formeln und Beziehungen zwischen einzelnen Größen aller im Unterricht behandelten Themenbereiche umfassen) und suche die Formeln heraus, die zu diesem Themenbereich passen könnten.

Schritt 2

Welche Formel passt?

Du musst aus der Formelsammlung eine geeignete Formel heraussuchen, die einen Zusammenhang zwischen den gegebenen und gesuchten Größen beschreibt.

Schritt 3

Muss ich die Formel anpassen?

Häufig stimmen die Bezeichnungen in der Aufgabe und in der Formel nicht überein. Das liegt meistens daran, dass denselben Angaben unterschiedliche Namen gegeben werden können. Der eine sagt „Pyramidenhöhe", ein anderer spricht von „Höhe h des Körpers"; beide meinen das Gleiche.
Dann müssen die Bezeichnungen oder die Formel angepasst werden. Tipp: Benutze die Bezeichnungen, die du im Unterricht kennen gelernt hast. Manchmal muss die Formel zusätzlich nach einer anderen Variablen umgestellt werden.

Beispielaufgabe

Berechne die Körperhöhe einer quadratischen Pyramide, deren Grundseiten je 6,0 cm und deren Seitenhöhen je 5,0 cm lang sind.

Schritt 1

Welcher Themenbereich?
Klar, diese Aufgabe kommt aus dem Themenbereich Körperberechnung → Pyramiden → quadratische Pyramiden.
Beim farbigen Markieren der gegebenen und gesuchten Stücke stellst du fest, dass h_S, h und ein Teil von a ein rechtwinkliges Dreieck bilden. Jetzt sind wir im Themenbereich Flächen → Dreieck → rechtwinkliges Dreieck.

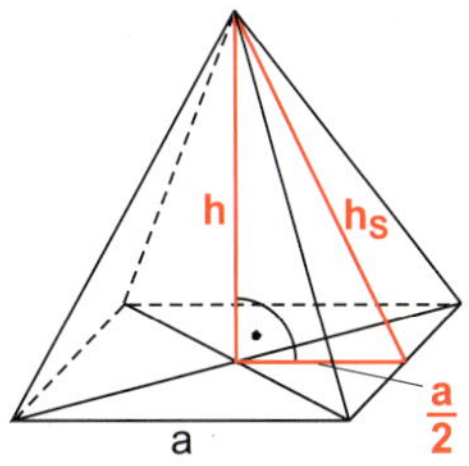

gegeben: $a = 6{,}0\text{ cm}$
$h_S = 5{,}0\text{ cm}$
gesucht: $h = ?$

Schritt 2

Welche Formel passt?
In rechtwinkligen Dreiecken besteht zwischen den drei Seitenlängen ein besonderer Zusammenhang. Du kennst ihn unter dem Begriff „Satz des Pythagoras": $c^2 = a^2 + b^2$

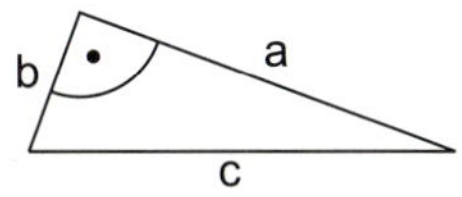

Schritt 3

Muss ich die Formel anpassen?
Die Bezeichnungen in der Formel stimmen nicht mit denen in der Aufgabe überein. Du musst die Formel also anpassen. Die Hypotenuse ist in diesem Fall nicht c, sondern h_S, die Katheten heißen in dieser Aufgabe dann h und $\frac{a}{2}$.

Deine Formel lautet also:

$$h_S^2 = h^2 + \left(\frac{a}{2}\right)^2$$

Jetzt musst du die Formel noch nach h umstellen.

$$h_S^2 = h^2 + \left(\frac{a}{2}\right)^2 \quad \left| -\left(\frac{a}{2}\right)^2\right.$$

$$h^2 = h_S^2 - \left(\frac{a}{2}\right)^2$$

Jetzt kannst du die Zahlen einsetzen:

$$h^2 = 5{,}0^2 - 3{,}0^2$$

$$h^2 = 25 - 9 = 16$$

$$\Rightarrow \quad h = 4{,}0\text{ cm}$$

Die Pyramide hat eine Körperhöhe von 4,0 cm.

Bei den folgenden Aufgaben sollst du dich ganz besonders mit diesen drei Lösungsschritten befassen. Löse die Aufgaben ganz kleinschrittig und beschreibe jeden Schritt wie in der Beispielaufgabe.

Bedenke: Erst selbst lösen, dann mit der Musterlösung vergleichen.

Viel Erfolg!

Training Grundwissen

1 Potenzen und Wurzeln

Die Zahlenmenge der rationalen Zahlen $\mathbb{Q}$ wird durch die irrationalen Zahlen zur Zahlenmenge der reellen Zahlen $\mathbb{R}$ erweitert. Dabei werden weitere Rechengesetze formuliert.

1.1 Potenzen

Merke

Die mehrfache Multiplikation mit demselben Faktor kann durch die **Potenzschreibweise** abgekürzt werden.

$\underbrace{a \cdot a \cdot \ldots \cdot a}_{a \text{ steht } n\text{-mal } (n \in \mathbb{N})} = a^n$; dabei wird a Basis und n Exponent genannt.

Beispiele

1. $4 \cdot 4 \cdot 4 \cdot 4 \cdot 4 = 4^5$ — Die Basis 4 wird 5-mal mit sich selbst multipliziert.
2. $x^7 = x \cdot x \cdot x \cdot x \cdot x \cdot x \cdot x$ — 7-mal der Faktor x.
3. $a^1 = a$ — a^1 bedeutet 1-mal den Faktor a. Dies gilt für alle $a \in \mathbb{R}$.

Merke

Für den **Exponenten Null** und für **negative (ganzzahlige) Exponenten** lassen sich Potenzen ebenfalls definieren. Dabei gilt (für alle $a \in \mathbb{R} \setminus \{0\}$):

$a^0 = 1$ und $a^{-n} = \frac{1}{a^n}$

Beispiele

1. $4^0 = 1$
2. $x^0 = 1$ — Nicht definiert für $x = 0$.
3. $3^{-4} = \frac{1}{3^4}$ — Potenzen mit negativen Exponenten sind keine negativen Zahlen, sondern eine Schreibweise für Brüche.
4. $x^{-2} = \frac{1}{x^2}$ — Nicht definiert für $x = 0$.

Merke

Für Potenzen gibt es fünf Rechengesetze:

1. Potenzen mit **gleicher Basis** werden **multipliziert**, indem man die Basis beibehält und die Exponenten addiert.
   $a^n \cdot a^m = a^{n+m}$
2. Potenzen mit **gleicher Basis** werden **dividiert**, indem man die Basis beibehält und die Exponenten subtrahiert.
   $\frac{a^n}{a^m} = a^{n-m}$

Beispiele

1. $4^3 \cdot 4^5 + x^2 \cdot x^3 = 4^8 + x^5$ — Addition der Exponenten. (1. Rechengesetz)
2. $\frac{3^9}{3^4} = 3^5$ — Subtraktion der Exponenten. (2. Rechengesetz)
3. $\frac{x^5}{x^8} = x^{-3} = \frac{1}{x^3}$ — (2. Rechengesetz)

Merke

3. Potenzen mit **gleichem Exponenten** werden **multipliziert**, indem man den Exponenten beibehält und die Basen multipliziert.
   $a^n \cdot b^n = (a \cdot b)^n$
4. Potenzen mit **gleichem Exponenten** werden **dividiert**, indem man den Exponenten beibehält und die Basen dividiert.
   $\frac{a^n}{b^n} = \left(\frac{a}{b}\right)^n$

Diese beiden Gesetze werden bei Variablen häufig in umgekehrter Richtung angewandt.

Beispiele

1. $4^3 \cdot 5^3 = 20^3$ — Multiplikation der Basen. (3. Rechengesetz)
2. $a^6 \cdot b^6 = (ab)^6$ — (3. Rechengesetz)
3. $\frac{12^5}{4^5} = 3^5$ — Division der Basen. (4. Rechengesetz)
4. $\frac{a^7}{b^7} = \left(\frac{a}{b}\right)^7$ — (4. Rechengesetz)
5. $(xy)^2 = x^2y^2$ — Der Exponent bezieht sich auf jeden Faktor. (3. Rechengesetz)
6. $\left(\frac{x}{y}\right)^3 = \frac{x^3}{y^3}$ — Der Exponent bezieht sich auf Zähler und Nenner. (4. Rechengesetz)

Merke

5. Potenzen werden **potenziert**, indem man die Basis beibehält und die Exponenten multipliziert.
$(a^n)^m = a^{n \cdot m}$

Beispiel

1. $(4^5)^2 + (x^3)^3 = 4^{10} + x^9$ — Multiplikation der Exponenten. (5. Rechengesetz)

Merke

Sind Basis und Exponent Zahlen, so kann jede Potenz (und deren Vielfache) auch errechnet werden. Dabei gilt: **„Potenz vor Punkt“**.

Beispiele

1. $2^5 = 32$
2. $4 \cdot 5^2 = 4 \cdot 25 = 100$
3. $2^{-3} = \frac{1}{2^3} = \frac{1}{8} = 0{,}125$

Merke

Vielfache von gleichen Potenzen können zusammengefasst werden.

Beispiele

1. $2{,}1x^7 + 4{,}5x^7 - 3{,}7x^7 = 2{,}9x^7$
2. $2 \cdot 3^5 + 4 \cdot 3^5 - 3^5 = 5 \cdot 3^5$ — 3^5 bedeutet $1 \cdot 3^5$.

Aufgaben

1 Berechne die Potenzen bzw. ersetze die Platzhalter:

a) $2{,}2 \cdot 3^6 =$

b) $4{,}5 \cdot 2^{-3} =$

c) $2^{\square} = 128$

d) $\square^5 = 243$

e) $4{,}2 \cdot 3^7 + \square \cdot 7^3 + \square \cdot 3^7 - 5{,}7 \cdot 7^3 = 5{,}2 \cdot 3^7 - 2{,}5 \cdot 7^3$

2 Vereinfache mithilfe der Potenzgesetze:

a) $3^4 \cdot 3^6 \cdot 3^2$

b) $(x-2)^2 \cdot (x-2)^3$

c) $(x+1)^3 \cdot (x^2+2x+1)$

d) $\frac{38x^5y^4z^8}{19x^2y^6z}$

e) $\frac{54x^3y^4}{y^2} \cdot \frac{x^2y^5}{3^3}$

f) $2^4 \cdot 3^4 \cdot 0{,}4^4$

g) $\left(\frac{x^2y^3}{6}\right)^3 \cdot \left(\frac{12}{xy}\right)^3$

h) $(2x^2y^3)^3 \cdot (5x^3y)^2$

i) $\left(\frac{z^{-5}}{z^{-2}}\right)^{-4}$

j) $\frac{16xy^3}{(-2x)^5}$

Merke

Potenzen mit der Basis 10 werden **Zehnerpotenzen** genannt. Sie bilden den Aufbau unseres Zahlensystems mit Einer (10^0), Zehner (10^1), Hunderter (10^2), Tausender (10^3) usw.; aber auch mit Zehntel (10^{-1}), Hundertstel (10^{-2}), Tausendstel (10^{-3}) usw.
Jede Zahl lässt sich daher als Produkt aus einer Zahl zwischen 1 und 10 und einer Zehnerpotenz schreiben. Dies nennt man **Normdarstellung**.

Beispiele

1. $23\,000\,000 = 2{,}3 \cdot 10^7$
2. $0{,}000456 = 4{,}56 \cdot 10^{-4}$

Der Exponent kann durch die „Verschiebung des Kommas“ ermittelt werden.

Aufgabe 3

Schreibe in Normdarstellung bzw. als (ganze) Zahl:

a) $270\,000 =$

b) $0{,}000000425 =$

c) $4 \cdot 10^5 + 5 \cdot 10^4 =$

d) $2 \cdot 10^{-3} + 3 \cdot 10^{-2} =$

1.2 Wurzeln

Merke

Wurzeln erhält man als Lösungen von Gleichungen, in denen die Variable als Potenz vorkommt. Dabei gilt:

- $\sqrt{a}$ ist die **nicht negative Lösung** der Gleichung $\mathbf{x^2 = a}$ ($a > 0$).
  (Man sagt: Quadratwurzel aus a bzw. kurz: Wurzel aus a)
- $\sqrt[n]{a}$ ist die **nicht negative Lösung** der Gleichung $\mathbf{x^n = a}$ ($a > 0$); $n \in \mathbb{N}$.
  (Man sagt: n-te Wurzel aus a)

Die Zahl oder den Term unter dem Wurzelzeichen nennt man **Radikand**.

Beispiele

1. $\sqrt{25} = 5$, da $5^2 = 25$
2. $\sqrt[3]{64} = 4$, da $4^3 = 64$

Man erhält die Lösung durch (systematisches) Probieren oder (schneller) mit dem Taschenrechner.

Merke

Gleichungen der Form $x^n = a$ ($a > 0$) haben für ungerade n eine Lösung ($x = \sqrt[n]{a}$) und für gerade n zwei Lösungen ($x_1 = \sqrt[n]{a}$ und $x_2 = -\sqrt[n]{a}$).

Beispiele

1. $x^3 = 125 \;\Rightarrow\; x = \sqrt[3]{125} = 5$
2. $x^2 = 49 \;\Rightarrow\; x_1 = \sqrt{49} = 7$ und $x_2 = -\sqrt{49} = -7$
3. $x^6 = 729 \;\Rightarrow\; x_1 = \sqrt[6]{729} = 3$ und $x_2 = -\sqrt[6]{729} = -3$

Aufgaben

4 Berechne die Wurzeln bzw. ersetze die Platzhalter.

a) $\sqrt[3]{8} =$

b) $\sqrt{\square} = 6$

c) $\sqrt[3]{\square} = 5$

d) $\sqrt{16+9} =$

5 Ermittle die Lösung(en) der folgenden Gleichungen.

a) $x^2 = 12{,}25$

b) $x^5 = 0{,}07776$

c) $2x^3 + 1 = 32{,}25$

d) $(2x-1)^2 = 10{,}24$

Merke

> Nicht alle Wurzeln sind endlich (und werden auch nicht periodisch), diese irrationalen Zahlen werden exakt und/oder gerundet angegeben.

Beispiele

1. $x^2 = 2$
   $\Rightarrow x_1 = \sqrt{2} \approx 1{,}41$ und
   $x_2 = -\sqrt{2} \approx -1{,}41$

   Werte aus dem Taschenrechner, hier auf zwei Stellen gerundet.

2. $x^3 = 25 \Rightarrow x = \sqrt[3]{25} \approx 2{,}924$

   Wert aus dem Taschenrechner; hier auf drei Stellen gerundet.

Merke

> **Für Wurzeln gibt es zwei Rechengesetze:**
> (Angegeben ist nur die Darstellung mit Quadratwurzeln.)
>
> 1. **Wurzeln** werden **multipliziert**, indem man die Wurzel beibehält und die Radikanden multipliziert.
> $\sqrt{a} \cdot \sqrt{b} = \sqrt{a \cdot b}$
> 2. **Wurzeln** werden **dividiert**, indem man die Wurzel beibehält und die Radikanden dividiert.
> $\frac{\sqrt{a}}{\sqrt{b}} = \sqrt{\frac{a}{b}}$
>
> Diese beiden Gesetze werden häufig in umgekehrter Richtung angewandt, insbesondere wenn aus einem Faktor die Wurzel gezogen werden kann.

Beispiele

1. $\sqrt{2} \cdot \sqrt{3} = \sqrt{6}$ — Multiplikation der Radikanden. (1. Rechengesetz)
2. $\sqrt{2} \cdot \sqrt{18} = \sqrt{36} = 6$ — (1. Rechengesetz)
3. $\frac{\sqrt{12}}{\sqrt{3}} = \sqrt{4} = 2$ — Division der Radikanden. (2. Rechengesetz)
4. $\sqrt{4x} = \sqrt{4} \cdot \sqrt{x} = 2\sqrt{x}$ — Das Wurzelzeichen bezieht sich auf jeden Faktor. (1. Rechengesetz)
5. $\sqrt{\frac{x}{9}} = \frac{\sqrt{x}}{\sqrt{9}} = \frac{\sqrt{x}}{3}$ — Das Wurzelzeichen bezieht sich auf Zähler und Nenner. (2. Rechengesetz)

Merke

Speziell für **Quadratwurzeln** gilt noch ein weiteres Rechengesetz:
Es gilt: $\sqrt{a}\cdot\sqrt{a} = a$ bzw. $\sqrt{a^2} = a$

Beispiele

1. $\sqrt{6}\cdot\sqrt{6} = 6$ bzw. $\sqrt{6^2} = 6$
2. $\sqrt{1734}\cdot\sqrt{1734} = 1734$ bzw. $\sqrt{1734^2} = 1734$

Merke

Wurzeln im Nenner werden üblicherweise entfernt, dies geschieht durch Erweitern des Bruches.

Beispiele

1. $\frac{\sqrt{2}}{\sqrt{3}} = \frac{\sqrt{2}\cdot\sqrt{3}}{\sqrt{3}\cdot\sqrt{3}} = \frac{\sqrt{6}}{3}$ — Der Bruch wird mit der Wurzel des Nenners erweitert, dadurch ergibt sich im Nenner eine natürliche Zahl.
2. $\frac{4\sqrt{5}}{3\sqrt{2}} = \frac{4\sqrt{5}\cdot\sqrt{2}}{3\sqrt{2}\cdot\sqrt{2}} = \frac{4\sqrt{10}}{6} = \frac{2\sqrt{10}}{3}$ — Nach dem Erweitern und Multiplizieren wird der Bruch noch gekürzt.

Merke

- Auch aus **Potenzen** können Wurzeln gezogen werden, dabei kann jede Potenz mit einem geraden Exponenten als Quadratzahl angesehen werden.
- **Radikanden** werden häufig in (zwei) Faktoren zerlegt, sodass ein Faktor eine Quadratzahl wird. Aus diesen wird dann immer die Wurzel gezogen.

Beispiele

1. $\sqrt{x^{36}} = x^{18}$ — $(x^{18})^2 = x^{18}\cdot x^{18} = x^{18+18} = x^{36}$
2. $\sqrt{50} = \sqrt{25\cdot 2} = 5\sqrt{2}$ — 50 wird zerlegt in $25\cdot 2$, dann $\sqrt{25} = 5$ gezogen.
3. $\sqrt{x^7} = \sqrt{x^6\cdot x} = x^3\sqrt{x}$ — x^7 wird zerlegt in $x^6\cdot x$, dann $\sqrt{x^6} = x^3$ gezogen.

Merke

Vielfache von **gleichen Wurzeln** können zusammengefasst werden.

Beispiele

1. $7\sqrt{3} + \sqrt{3} = 8\sqrt{3}$ — $\sqrt{3}$ bedeutet: $1\cdot\sqrt{3}$
2. $2{,}1\sqrt{x} + 4{,}5\sqrt{x} - \sqrt{x} = 5{,}6\sqrt{x}$ — $-\sqrt{x}$ bedeutet: $-1\cdot\sqrt{x}$
3. $\sqrt{12} + \sqrt{27} = \sqrt{4\cdot 3} + \sqrt{9\cdot 3}$
   $= 2\sqrt{3} + 3\sqrt{3}$
   $= 5\sqrt{3}$
   — Zuerst müssen Wurzeln mit gleichem Radikand gebildet werden.

Aufgaben

6 Berechne (auf 2 Stellen gerundet):

a) $4{,}8\sqrt{3} \approx$

b) $\sqrt{2} + \sqrt{7} \approx$

c) $2{,}2\sqrt{2} + 3{,}3\sqrt{3} \approx$

d) $\sqrt{8} - \sqrt{7} - \sqrt{6} \approx$

7 Vereinfache mithilfe der Wurzelgesetze und -regeln bzw. ersetze die Platzhalter:

a) $2\sqrt{x} + \boxed{3\sqrt{x}} - 4\sqrt{x} = \sqrt{x}$

b) $\sqrt{108} - \sqrt{48} + \sqrt{147} =$

c) $4\sqrt{5} \cdot 5\sqrt{6} =$

d) $5\sqrt{2} \cdot \boxed{3\sqrt{2}} = 30$

e) $\dfrac{21\sqrt{12}}{\boxed{7\sqrt{2}}} = 3\sqrt{6}$

f) $\dfrac{42\sqrt{175}}{12\sqrt{7}} =$

g) $\sqrt{50x^{16}} =$

h) $\sqrt{16x^{9}} =$

i) $\dfrac{3\sqrt{7}}{2\sqrt{5}} =$

j) $\dfrac{15x}{\sqrt{3x}} =$

2 Terme und Gleichungen

2.1 Termumformungen mit reellen Zahlen

Merke

Alle Termumformungen (Klammern auflösen, binomische Formeln) gelten auch für Potenzen und Wurzeln.

Beispiele

1. $2x^3(3x^5-5x^2)$
$=2x^3\cdot 3x^5-2x^3\cdot 5x^2=6x^8-10x^5$

Die Summanden in der Klammer werden mit dem Faktor vor der Klammer multipliziert. Dann wird noch zusammengefasst und geordnet.

2. $2\sqrt{5}(\sqrt{5}+3\sqrt{2})$
$=2\sqrt{5}\cdot\sqrt{5}+2\sqrt{5}\cdot 3\sqrt{2}$
$=2\cdot 5+6\sqrt{10}$
$=10+6\sqrt{10}$

3. $(x^2-3x^3)(3x^5+x^4)$
$=x^2\cdot 3x^5+x^2\cdot x^4-3x^3\cdot 3x^5-3x^3\cdot x^4$
$=3x^7+x^6-9x^8-3x^7$
$=-9x^8+x^6$

Jeder Summand in der ersten Klammer wird mit jedem Summand in der zweiten Klammer multipliziert. Dann wird noch zusammengefasst und geordnet. Dabei schreibt man die höchsten Potenzen zuerst.

4. $(2\sqrt{3}+\sqrt{5})(3\sqrt{2}+5\sqrt{3})$
$=2\sqrt{3}\cdot 3\sqrt{2}+2\sqrt{3}\cdot 5\sqrt{3}+\sqrt{5}\cdot 3\sqrt{2}+\sqrt{5}\cdot 5\sqrt{3}$
$=6\sqrt{6}+10\cdot 3+3\sqrt{10}+5\sqrt{15}$
$=30+5\sqrt{15}+3\sqrt{10}+6\sqrt{6}$

Man schreibt zuerst die Zahlen und dann die Vielfachen von Wurzeln (beginnend mit dem größten Radikanden).

5. $(x^3+3x^2)^2$
$=(x^3)^2+2\cdot x^3\cdot 3x^2+(3x^2)^2$
$=x^6+6x^5+9x^4$

Mit einer binomischen Formel wird die Klammer entfernt. Dann wird noch zusammengefasst und geordnet.

6. $(\sqrt{5}-3\sqrt{2})^2+(2-3\sqrt{5})\cdot(2+3\sqrt{5})$
$=(\sqrt{5})^2-2\cdot\sqrt{5}\cdot 3\sqrt{2}+(3\sqrt{2})^2+2^2-(3\sqrt{5})^2$
$=5-6\sqrt{10}+18+4-45$
$=-18-6\sqrt{10}$

$(3\sqrt{2})^2=9\cdot 2=18$ bzw.
$(3\sqrt{5})^2=9\cdot 5=45$

Aufgabe 8

Vereinfache bzw. ersetze die Platzhalter:

a) $4x^2(2x+6x^5-0{,}5x^3)=$

b) $4\sqrt{3}(2\sqrt{2}-\sqrt{27})=$

c) $2{,}5x^3\left(\square-1{,}2x^{-5}\right)=9{,}5x^5-\square$

d) $\square\left(5\sqrt{8}+\square\right)=40-6\sqrt{6}$

e) $(x-2x^3)(3x^5-5x^3)=$

f) $(3\sqrt{2}-\sqrt{11})(3\sqrt{2}+5\sqrt{3})=$

g) $\left(\square+3x^2\right)^2=4x^6+\square+\square$

h) $(3x^{-2}+2x^3)(3x^{-2}-2x^3)=$

i) $(2x\sqrt{2}+3x)(x-3x\sqrt{2})=$

j) $\left(4x+\square\right)\left(2x-\square\right)=\square-4x\sqrt{3}+\square-3\sqrt{6}$

Merke

Gemeinsame Faktoren einer Summe können auch hier ausgeklammert werden. Dies wird nur dann durchgeführt, wenn es in einer Aufgabe verlangt oder sinnvoll ist.

Beispiele

1. $2x^3 - 4x^2 = 2x^2(x-2)$ — $2x^2$ kann ausgeklammert werden.
2. $25a\sqrt{2} + 15a\sqrt{3} = 5a(5\sqrt{2} + 3\sqrt{3})$ — 5a kann ausgeklammert werden.

2.2 Quadratische Gleichungen

Merke

- Gleichungen, bei denen die Variable nur quadratisch vorkommt, nennt man **reinquadratische Gleichungen**. Sie lassen sich durch Umformen und Wurzelziehen lösen.
- Gleichungen, bei denen die Variable quadratisch und linear vorkommt, lassen sich durch Ordnen und Anwenden einer Lösungsformel lösen. Für die Gleichung $ax^2 + bx + c = 0$ lautet die **Lösungsformel**:

  $$x_{1/2} = \frac{-b \pm \sqrt{b^2 - 4ac}}{2a}$$ (keine Lösung, falls $b^2 - 4ac < 0$)
- Der Term unter der Wurzel ($b^2 - 4ac$) heißt Diskriminante. An ihr erkennt man die Anzahl der Lösungen. Dabei gilt:
  $D > 0$ (2 Lösungen); $D = 0$ (1 Lösung); $D < 0$ (keine Lösung)

Beispiele

1. $2x^2 - 3 = 15 \quad | +3$
   $2x^2 = 18 \quad | :2$
   $x^2 = 9 \quad | \sqrt{\ }$
   $x_1 = 3;\ x_2 = -3$

   Diese reinquadratische Gleichung wird umgeformt, bis x^2 „allein“ steht.
   Dann wird die Wurzel gezogen und die beiden Lösungen werden notiert.

2. $x^2 - 3x - 4 = 0$

   Diese quadratische Gleichung ist bereits geordnet und kann somit in die Lösungsformel eingesetzt werden.

   $$x_{1/2} = \frac{3 \pm \sqrt{9+16}}{2}$$

   $$x_{1/2} = \frac{3 \pm 5}{2}$$

   Der Radikand wird zu 25 addiert, daraus die Wurzel 5 gezogen.

   $x_1 = -1;\ x_2 = 4$

   Die Reihenfolge der Berechnung des ± Zeichens ist egal. Es ist allerdings zweckmäßig, sich für eine zu entscheiden (hier und im Folgenden immer erst –, dann +).

3. $3x^2 - 1 = -2x$ — Zuerst wird die Gleichung geordnet.
   $3x^2 + 2x - 1 = 0$ — Jetzt Einsetzen in die Lösungsformel.

   $$x_{1/2} = \frac{-2 \pm \sqrt{4+12}}{6}$$

   Der Radikand wird zu 16 addiert, daraus die Wurzel 4 gezogen.

   $x_1 = -1;\ x_2 = \frac{1}{3}$

Aufgabe 9

Löse die folgenden quadratischen Gleichungen:

a) $x^2 - 2{,}5x = 6$
b) $25x^2 - 10x - 3 = 0$
c) $x^2 + 1{,}9x + 0{,}84 = 0$
d) $x(2x+1) - (x-2)^2 = -8$
e) $(x+3)^2 + (x+3)(x-3) = 0$
f) $2x^2 - 4x + 2 = x^2 - 4x + 1$

2.3 Bruchgleichungen

Merke

Bei Bruchgleichungen treten im Nenner Terme mit Variablen auf.
Um die Lösung der Gleichung zu berechnen, multiplizierst du die Bruchgleichung mit dem **Hauptnenner** und löst die so entstandene Gleichung. Die Lösung ist unter Berücksichtigung der **Definitionsmenge** als **Lösungsmenge** anzugeben.

Beispiele

1. $\frac{x+3}{x} = \frac{x^2+3}{2x} \quad |\cdot 2x$

x = 0 darf nicht in der Lösungsmenge enthalten sein. Der Hauptnenner HN enthält alle Faktoren der Nenner. Der Hauptnenner ist hier 2x.

$\frac{(x+3)\cdot 2x}{x} = \frac{(x^2+3)\cdot 2x}{2x}$

Die Zähler bleiben unverändert, müssen aber in Klammern gesetzt werden.

$(x+3)\cdot 2 = x^2+3$

Bei der Multiplikation mit dem HN kürzen sich alle Nenner.

$2x+6 = x^2+3 \quad |-2x$

Gleichung nach dem Ausmultiplizieren.

$6 = x^2-2x+3 \quad |-6$

Umformen zum Einsetzen in die Lösungsformel.

$x^2-2x-3=0$

$x_{1/2} = \frac{2\pm\sqrt{4-4\cdot 1\cdot(-3)}}{2}$

Der Radikand hat den Wert 16, die Wurzel den Wert 4.

$x_1=-1;\ x_2=3$

Lösung:
$\mathbb{D} = \mathbb{R}\setminus\{0\};\ \mathbb{L} = \{-1; 3\}$

2. $\frac{3x}{6} = \frac{36}{3x}+1 \quad |\cdot 6x$

x = 0 darf nicht in der Lösungsmenge enthalten sein. Der Hauptnenner HN enthält alle Faktoren der Nenner. Der Hauptnenner ist hier 6x.

$\frac{3x\cdot 6x}{6} = \frac{36\cdot 6x}{3x}+1\cdot 6x$

Nach Multiplikation mit dem Hauptnenner wird anschließend gekürzt.

$3x^2 = 72+6x \quad |-6x-72$

Bei der Multiplikation mit dem HN kürzen sich alle Nenner.

$3x^2-6x-72=0 \quad |:3$

Umformen zum Einsetzen in die Lösungsformel.

$x^2-2x-24=0$

$x_{1/2} = \frac{2\pm\sqrt{4+96}}{2}$

Lösungsformel

$x_1=-4;\ x_2=6$

Lösung:
$\mathbb{D} = \mathbb{R}\setminus\{0\};\ \mathbb{L} = \{-4; 6\}$

3. $\frac{5\cdot(5x-1)}{2x+1} = \frac{70x}{2x+1} \quad |\cdot(2x+1)$

x = −0,5 darf nicht in der Lösungsmenge enthalten sein. Der Hauptnenner ist 2x + 1.

$25x^2-5x = 70x \quad |-70x$

Bei der Multiplikation mit dem HN kürzen sich alle Nenner.

$25x^2-5x-70x=0$

Umformen zum Einsetzen in die Lösungsformel.

$25x^2-75x=0 \quad |:25$

$x^2-3x=0$

$x_{1/2} = \frac{3 \pm \sqrt{9+0}}{2}$ Lösungsformel

$x_1 = 0;\ x_2 = 3$

Lösung:

$\mathbb{D} = \mathbb{R} \setminus \{-0{,}5\};\ \mathbb{L} = \{0; 3\}$

Aufgabe 10

Löse folgende Bruchgleichungen:

a) $\frac{2(4-x^2)}{5x} = \frac{-8x-2}{5x}$

b) $\frac{-x^2+18}{2x} = 5 + \frac{7}{2x}$

c) $\frac{4+x}{x} = \frac{x}{4} - \frac{2x-4}{x}$

d) $\frac{6(-2x+6)}{3x+2} = -\frac{x^2}{3x+2}$

3 Flächen und Körper

Bei allen Aufgaben werden folgende Rundungsregeln verwendet:
- Zwischenergebnisse auf 2 Stellen.
- Endergebnisse auf dieselbe Stellenzahl wie die Angabe(n) in der Aufgabe.
- Winkelgrößen und Prozentangaben immer auf 1 Stelle.

3.1 Kreis

Merke

1. Bei allen Kreisen ist das Verhältnis von Umfang u und Durchmesser d dasselbe. Man nennt dieses Verhältnis **Kreiszahl** und bezeichnet es mit π (gesprochen: pi).
2. π ist eine **irrationale Zahl** und kann nur annäherungsweise angegeben werden. Ihr Wert beträgt: $\pi \approx 3{,}14\ldots$
3. Aufgrund des konstanten Verhältnisses ergibt sich zunächst die Gleichung $\frac{u}{d} = \pi$.
   Da für den Radius r die Beziehung $d = 2r$ gilt, erhält man die Formel für den **Umfang** eines Kreises: $u = 2\pi r$.
4. Für den **Flächeninhalt** eines Kreises lautet die Formel: $A = \pi r^2$.

Beispiele

1. Welchen Flächeninhalt hat ein Kreis mit einem Umfang von $u = 40{,}0$ cm?

   Lösung:

   $u = 2\pi r \quad |:2\pi$

   $r = \frac{u}{2\pi} = \frac{40{,}0}{2\pi} \approx 6{,}37 \text{ cm}$

   Zuerst muss der Radius errechnet werden, dazu wird die Umfangsformel nach r umgeformt. Erst nach dem Umformen wird die Zahl eingesetzt und das Ergebnis (gerundet) berechnet.

   $A = \pi r^2 = \pi \cdot 6{,}37^2$

   $A \approx 127{,}5 \text{ cm}^2$

   Das Zwischenergebnis wird in die Kreisformel eingesetzt und das Ergebnis (gerundet) berechnet.

2. Welchen Radius hat ein Kreis mit einer Fläche von $9\pi e^2$ (FE)?

   Lösung:

   $A = \pi r^2 \quad |:\pi$

   Zuerst wird nach r^2 umgeformt.

   $r^2 = \frac{A}{\pi} = \frac{9\pi e^2}{\pi}$

   $\Rightarrow \quad r = 3e \text{ (LE)}$

   Dann wird der Wert eingesetzt, gekürzt und die Wurzel gezogen.

   Hinweis: LE: Längeneinheit
   FE: Flächeneinheit

Merke

1. Bei **Halbkreisen**, **Viertelkreisen** usw. werden die Formeln mit einem entsprechenden **Faktor** $\left(\frac{1}{2}; \frac{1}{4} \text{ usw.}\right)$ multipliziert. Man erhält dann die Sektorfläche A bzw. die Länge des Bogens b. Bei beliebigen Teilen verwendet man den Faktor $\frac{\alpha}{360°}$.

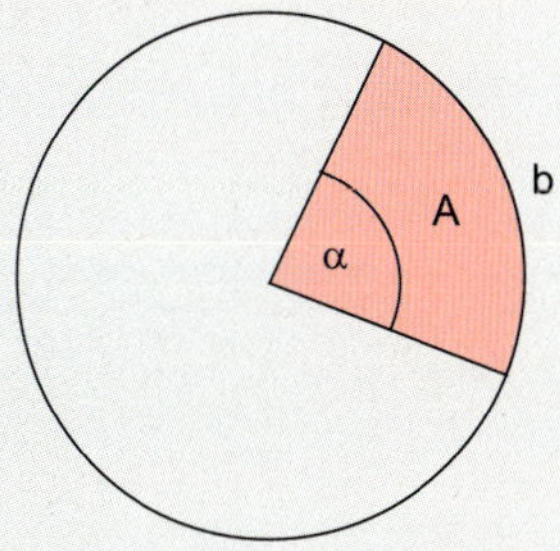

2. Bei zusammengesetzten oder ausgeschnittenen Flächen errechnet man die Einzelflächen und **addiert** bzw. **subtrahiert** sie zur Gesamtfläche. Der Umfang ergibt sich als Summe aller Bögen und Strecken.

Beispiele

1. Berechne den Flächeninhalt und den Umfang der Figur:

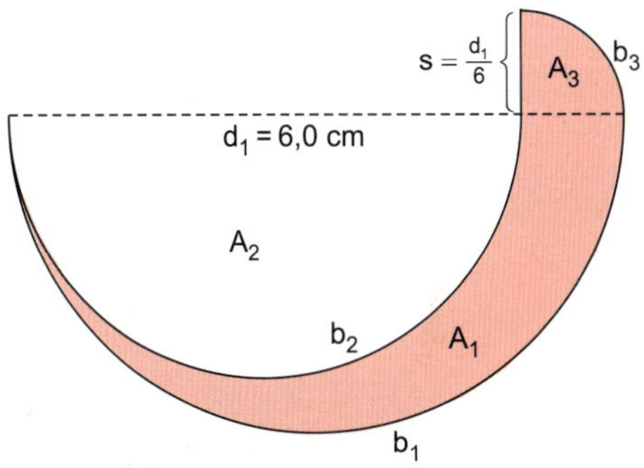

Lösung:

$r_1 = \frac{d_1}{2} = 3{,}0 \text{ cm}$

$r_3 = s = \frac{d_1}{6} = 1{,}0 \text{ cm}$

$r_2 = \frac{d_1 - s}{2} = 2{,}5 \text{ cm}$

Die drei Radien und die Strecke s werden ermittelt, d_2 ist $d_1 - s$ bzw. $d_1 - r_3$.

Berechnung der Fläche:

$$A = A_1 - A_2 + A_3$$
$$= \frac{1}{2}\pi r_1{}^2 - \frac{1}{2}\pi r_2{}^2 + \frac{1}{4}\pi r_3{}^2$$

Die Gesamtfläche ergibt sich aus Subtraktion und Addition von Kreisteilen.

$$= \frac{1}{2}\pi 3{,}0^2 - \frac{1}{2}\pi 2{,}5^2 + \frac{1}{4}\pi 1{,}0^2$$
$$\approx 5{,}1 \text{ cm}^2$$

Einsetzen der Radien und Berechnung.

Berechnung des Umfangs:

$$u = b_1 + b_2 + b_3 + s$$
$$= \frac{1}{2} \cdot 2\pi r_1 + \frac{1}{2} \cdot 2\pi r_2 + \frac{1}{4} \cdot 2\pi r_3 + s$$

Der Umfang errechnet sich aus der Addition der Bögen und der Strecke.

$$= \pi 3{,}0 + \pi 2{,}5 + \frac{1}{2}\pi 1{,}0 + 1{,}0$$
$$\approx 19{,}8 \text{ cm}$$

Die Faktoren können gekürzt werden.

2. Gegeben ist ein Kreisausschnitt:
   a) Die gefärbte Fläche ist 9,8 cm^2 groß, die Radien betragen $r_1 = 6{,}1$ cm und $r_2 = 4{,}6$ cm. Berechne den Winkel α.

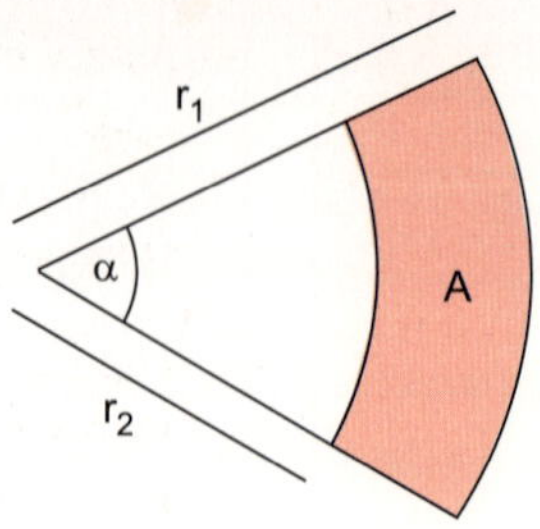

Lösung:

Berechnung von α:

$$A = \pi r_1^2 \frac{\alpha}{360°} - \pi r_2^2 \frac{\alpha}{360°} \quad | \cdot 360°$$

Die gefärbte Fläche ist die Differenz zweier Sektoren mit demselben Winkel. Multiplikation mit 360°.

$$A \cdot 360° = \pi r_1^2 \alpha - \pi r_2^2 \alpha$$

$$A \cdot 360° = \alpha(\pi r_1^2 - \pi r_2^2) \quad | : (\pi r_1^2 - \pi r_2^2)$$

Ausklammern von α.

$$\alpha = \frac{A \cdot 360°}{\pi r_1^2 - \pi r_2^2}$$

Umformen nach α und Einsetzen der Zahlen.

$$\alpha = \frac{9{,}8 \cdot 360°}{\pi \cdot 6{,}1^2 - \pi \cdot 4{,}6^2} \approx 70{,}0°$$

   b) Die gefärbte Fläche beträgt $6\pi e^2$ (FE), die Radien betragen $r_1 = 5e$ (LE) und $r_2 = 3e$ (LE). Berechne den Winkel α.

Lösung:

Berechnung von α:

$$A = \pi r_1^2 \frac{\alpha}{360°} - \pi r_2^2 \frac{\alpha}{360°} \quad | \cdot 360°$$

Bei Aufgaben mit Formvariablen wendet man das gleiche Lösungsmuster an.

$$\alpha = \frac{A \cdot 360°}{\pi r_1^2 - \pi r_2^2}$$

$$\alpha = \frac{\mathbf{6\pi e^2} \cdot 360°}{\pi \cdot (\mathbf{5e})^2 - \pi(\mathbf{3e})^2}$$

Anstelle der Zahlen setzt man die Angaben mit den Formvariablen ein.

$$\alpha = \frac{6\pi e^2 \cdot 360°}{25\pi e^2 - 9\pi e^2}$$

$$\alpha = \frac{6\pi e^2 \cdot 360°}{16\pi e^2}$$

$$\alpha = 135°$$

Aufgaben

11 Ein kreisförmiger Rasenplatz mit 18 m Durchmesser soll neu eingesät werden. Ein Paket Grassamen reicht für 29 m^2 und kostet 8,95 €.
Berechne die entstehenden Kosten.

12 Ein Kreissektor hat eine Fläche von 92,4 cm^2 und einen Winkel $\alpha = 272°$.
Berechne die Länge des Bogens.

13 a) Die beiden Schenkel des gleichschenklig-rechtwinkligen Dreiecks sind a = 6,2 cm lang.
Berechne den äußeren Umfang und den Flächeninhalt der grau gefärbten Figur.

b) Die beiden Schenkel des gleichschenklig-rechtwinkligen Dreiecks sind a lang.
Berechne den äußeren Umfang und den Flächeninhalt der grau gefärbten Figur (in Abhängigkeit von a).

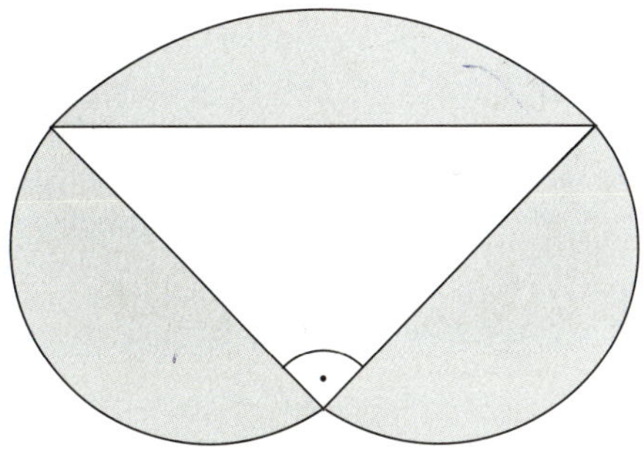

X **14** Wie viel % der Quadratfläche nimmt der schraffierte Teil ein?

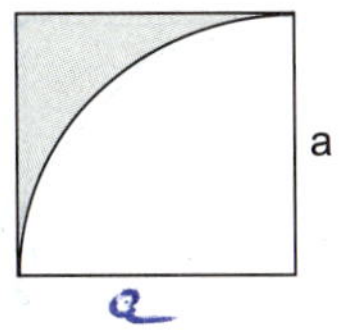

15 Aus einer Kreisfläche mit Radius $r_1 = 11,2$ cm wird ein Halbkreis ausgestanzt.
Wie muss r_2 gewählt werden, wenn die Restfläche noch 80 % betragen soll?

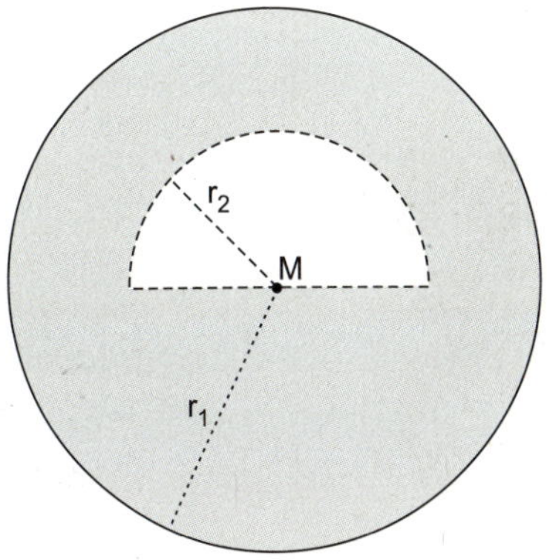

16 Der Umfang der grau gefärbten Figur beträgt 19,4 cm.
Berechne den Flächeninhalt.

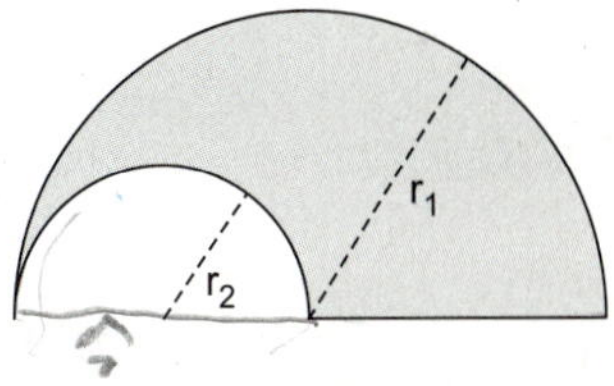

17 Der Flächeninhalt der grau gefärbten Figur beträgt 5,7 cm², die beiden Radien betragen $r_1 = 4,6$ cm und $r_2 = 3,3$ cm.
Berechne den Umfang.

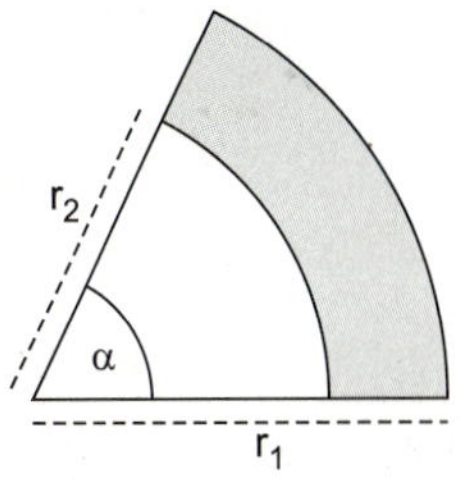

3.2 Strahlensatz

Bei einer zentrischen Streckung eines Dreiecks, bei der das Streckzentrum mit einer Ecke zusammenfällt, bilden sich **zwei mögliche Strahlensatzfiguren**:

(1)

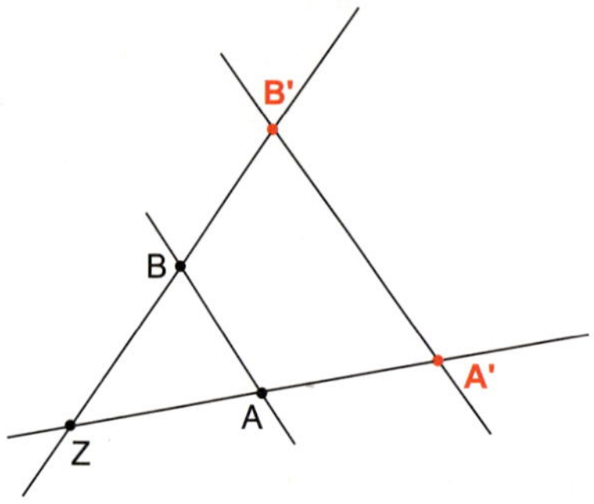

(2)

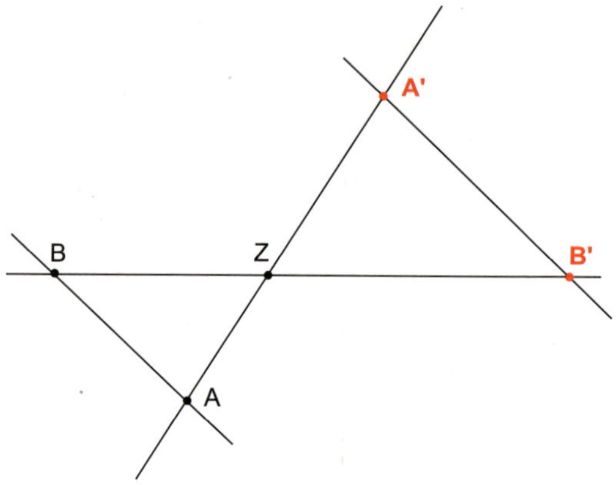

Da in dieser Anordnung für alle Strecken der Streckfaktor k gleich ist, lässt sich der Strahlensatz wie folgt formulieren:

Merke

Werden zwei Geraden, die sich im Punkt Z schneiden, von zwei Parallelen geschnitten, von denen keine durch Z geht, so bilden sich zwei Dreiecke. Die Verhältnisse **entsprechender Dreiecksseiten** haben alle den gleichen Wert.

Der **Strahlensatz** lässt sich auch als **Formel** schreiben:

$\frac{\overline{ZA}}{\overline{ZA'}} = \frac{\overline{ZB}}{\overline{ZB'}}$ bzw. $\frac{\overline{ZA}}{\overline{ZA'}} = \frac{\overline{AB}}{\overline{A'B'}}$ bzw. $\frac{\overline{ZB}}{\overline{ZB'}} = \frac{\overline{AB}}{\overline{A'B'}}$

Hinweise:

1. Bei der ersten Strahlensatzfigur (1) kommen auch Abschnitte ($\overline{AA'}$ bzw. $\overline{BB'}$) vor, diese werden durch Addition oder Subtraktion als Dreiecksseiten ausgedrückt, z. B.: $\overline{ZA'} = \overline{ZA} + \overline{AA'}$ bzw. $\overline{ZA} = \overline{ZA'} - \overline{AA'}$
2. Es ist auch möglich, die beiden Abschnitte ($\overline{AA'}$ bzw. $\overline{BB'}$) mit den Dreiecksseiten auf den Geraden (**nicht auf den Parallelen**) zu vergleichen. Daher gilt auch:
$\frac{\overline{AA'}}{\overline{ZA}} = \frac{\overline{BB'}}{\overline{ZB}}$ bzw. $\frac{\overline{AA'}}{\overline{ZA'}} = \frac{\overline{BB'}}{\overline{ZB'}}$

Beispiele

1. Berechne die fehlenden Strecken:

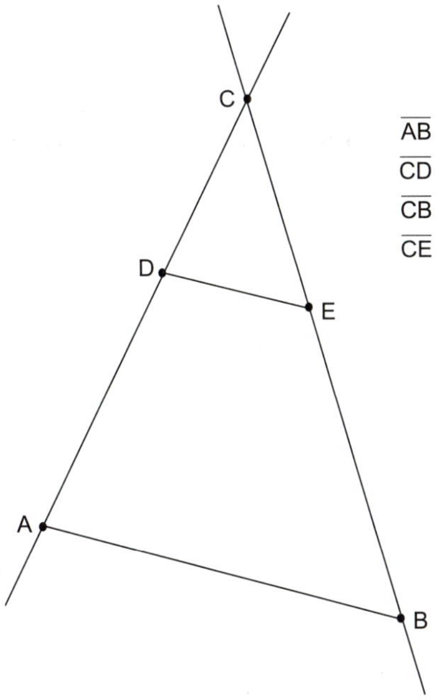

$\overline{AB} = 4{,}8$ cm
$\overline{CD} = 3{,}8$ cm
$\overline{CB} = 6{,}9$ cm
$\overline{CE} = 4{,}6$ cm

Lösung:

Berechnung von $\overline{DE}$:

$$\frac{\overline{DE}}{\overline{AB}} = \frac{\overline{CE}}{\overline{CB}} \quad | \cdot \overline{AB}$$

Das Streckzentrum liegt in C.
Die entsprechende Strecke zu $\overline{DE}$ ist die parallele Strecke $\overline{AB}$. Da eine Strecke des „kleineren" Dreiecks im ersten Zähler steht, muss auch im zweiten Zähler eine Strecke des „kleineren" Dreiecks stehen.

$$\overline{DE} = \frac{\overline{CE} \cdot \overline{AB}}{\overline{CB}} = \frac{4{,}6 \cdot 4{,}8}{6{,}9} = 3{,}2 \text{ cm}$$

Berechnung von $\overline{CA}$:

$$\frac{\overline{CA}}{\overline{CD}} = \frac{\overline{CB}}{\overline{CE}} \quad | \cdot \overline{CD}$$

Die entsprechende Strecke zu $\overline{CA}$ ist die Strecke $\overline{CD}$. Da eine Strecke des „größeren" Dreiecks im ersten Zähler steht, muss auch im zweiten Zähler eine Strecke des „größeren" Dreiecks stehen.

$$\overline{CA} = \frac{\overline{CB} \cdot \overline{CD}}{\overline{CE}} = \frac{6{,}9 \cdot 3{,}8}{4{,}6} = 5{,}7 \text{ cm}$$

Berechnung der Abschnitte $\overline{AD}$ bzw. $\overline{BE}$:

$$\overline{AD} = \overline{CA} - \overline{CD} = 5{,}7 - 3{,}8 = 1{,}9 \text{ cm}$$
$$\overline{BE} = \overline{CB} - \overline{CE} = 6{,}9 - 4{,}6 = 2{,}3 \text{ cm}$$

Am einfachsten errechnet man Abschnitte durch Differenzen.

2. In ein rechtwinkliges Dreieck mit den Seiten $\overline{AB} = 18$ cm und $\overline{AC} = 12$ cm wird ein Quadrat einbeschrieben (siehe Skizze).
Berechne den Flächeninhalt des Quadrates:

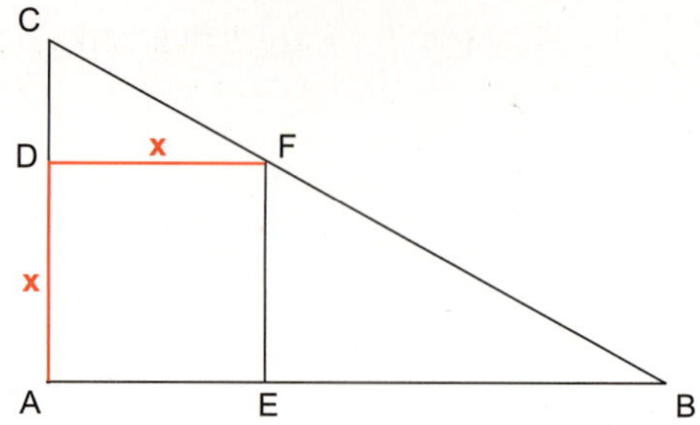

Lösung:
Berechnung von x:

$$\frac{x}{\overline{AB}} = \frac{\overline{AC} - x}{\overline{AC}}$$

Das Streckzentrum liegt im Punkt C, die Strecke $\overline{CD}$ wird durch eine Differenz ausgedrückt.

$$\frac{x}{18} = \frac{12 - x}{12} \quad | \cdot 36$$

Einsetzen der Zahlen. Hauptnenner von 18 und 12 ist 36.

$$2x = 3(12 - x)$$

Auflösen der Klammer.

$$2x = 36 - 3x$$
$$5x = 36$$
$$x = 7{,}2 \text{ cm}$$

Seitenlänge des Quadrates.

Berechnung von A:
$A = x^2 = 7{,}2^2 = 51{,}84 \text{ cm}^2$

Aufgaben

18 Berechne die Länge von x.

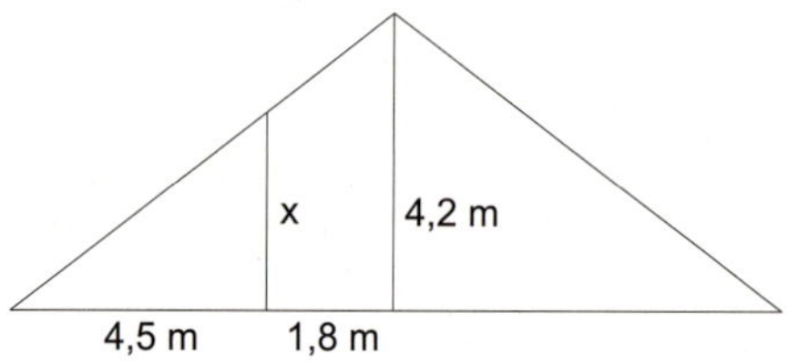

19 Welche der angegebenen Verhältnisse geben den Strahlensatz richtig wieder? Kreuze die richtigen an.

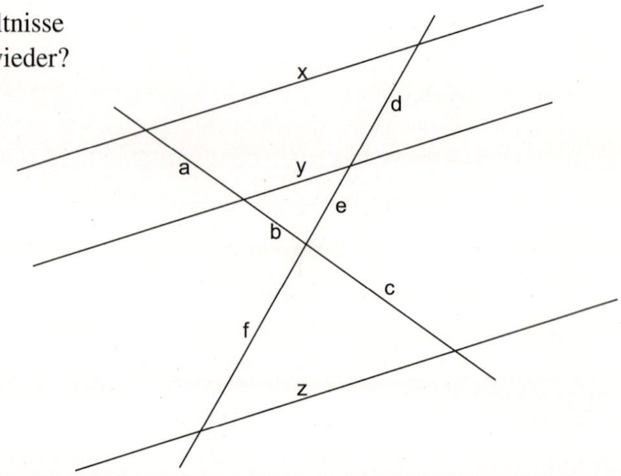

☐ $\frac{a+b}{b} = \frac{d}{e}$ ☐ $\frac{b}{c} = \frac{e}{f}$ ☐ $\frac{x}{y} = \frac{a}{b}$

☐ $\frac{y}{x} = \frac{e}{d+e}$ ☐ $\frac{f}{e+d} = \frac{c}{a+b}$ ☐ $\frac{z}{x} = \frac{f}{e}$

☐ $\frac{z}{x} = \frac{c}{a+b}$ ☐ $\frac{a}{b} = \frac{d}{e}$ ☐ $\frac{y}{z} = \frac{c}{b}$

20 Berechne x und y.

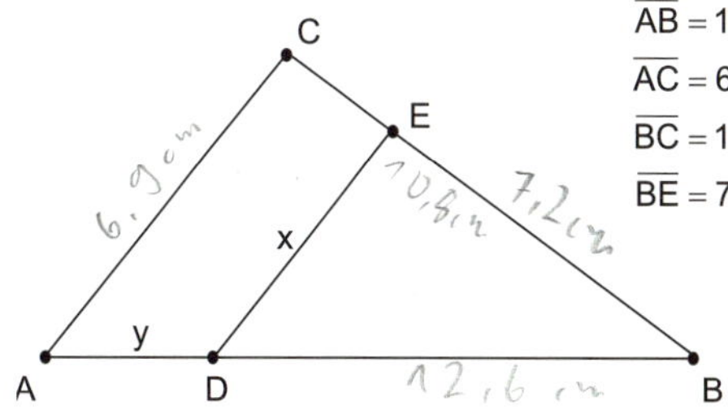

$\overline{AB} = 12{,}6$ cm
$\overline{AC} = 6{,}9$ cm
$\overline{BC} = 10{,}8$ cm
$\overline{BE} = 7{,}2$ cm

21 In das Dreieck ABC wird ein Trapez DEFG so eingezeichnet, dass $\overline{DE}$ parallel zu $\overline{AB}$, $\overline{DG}$ parallel zu $\overline{AC}$ und $\overline{EF}$ parallel zu $\overline{BC}$ verläuft.
Berechne die Länge von $\overline{FG}$.

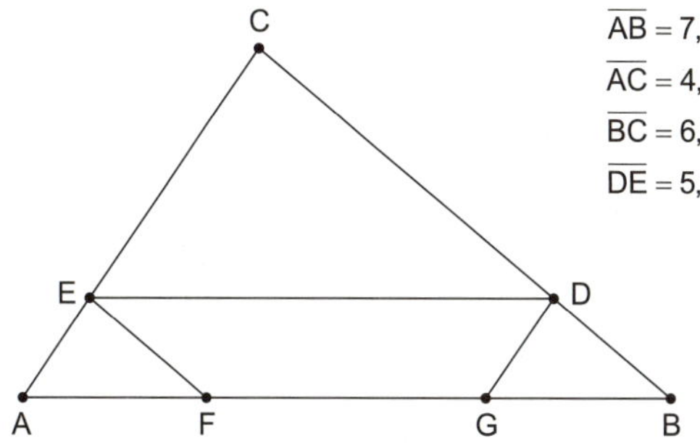

$\overline{AB} = 7{,}7$ cm
$\overline{AC} = 4{,}9$ cm
$\overline{BC} = 6{,}3$ cm
$\overline{DE} = 5{,}5$ cm

22 Berechne die Abstände zwischen den drei senkrechten Strecken.

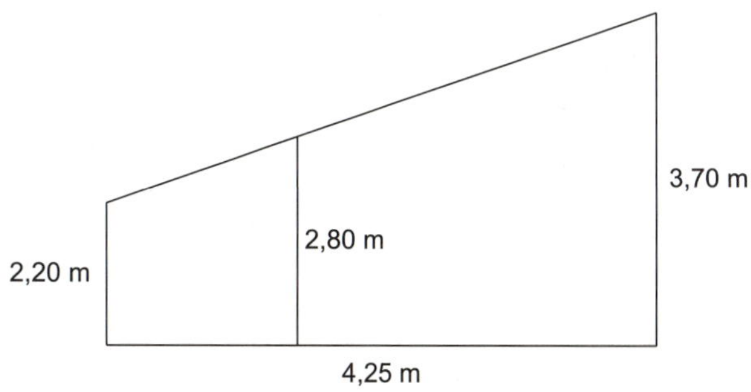

3.3 Satz des Pythagoras

Merke

In **rechtwinkligen Dreiecken** bezeichnet man die Seite gegenüber dem rechten Winkel als **Hypotenuse** und die beiden anderen Seiten als **Katheten**.
Die Hypotenuse ist immer die **längste Seite** im rechtwinkligen Dreieck.

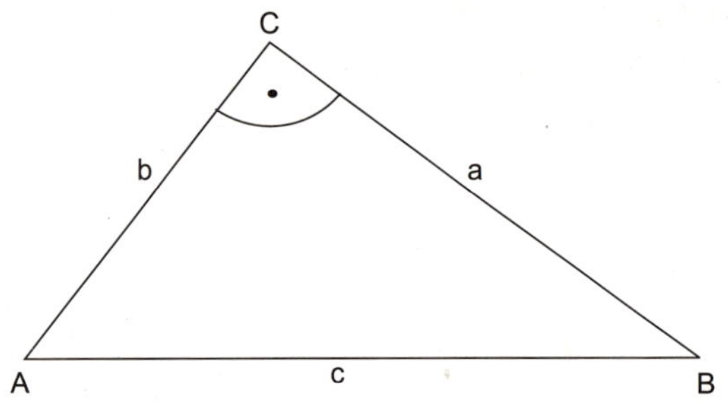

Merke

In allen rechtwinkligen Dreiecken (mit Hypotenuse c und Katheten a und b) gilt der **Satz des Pythagoras:** $c^2 = a^2 + b^2$
(Es ist vorteilhaft, den Satz des Pythagoras immer mit der Hypotenuse zu beginnen.)

Beispiele

1. Berechne die Strecke w. (Alle Angaben in cm.)

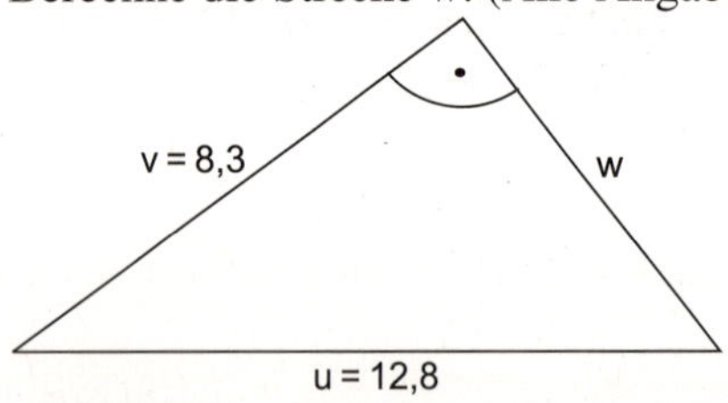

Lösung:

$u^2 = v^2 + w^2 \quad | - v^2$

$w^2 = u^2 - v^2 = 12{,}8^2 - 8{,}3^2$

$\Rightarrow \quad w \approx 9{,}7 \text{ cm}$

Satz des Pythagoras mit den Bezeichnungen der Aufgabe. Aus dieser Summe wird unmittelbar die Wurzel gezogen und gerundet.

2. Zeichne das Dreieck A(1 | 4), B(7 | 2) und C(4 | 7) in ein Koordinatensystem und berechne Umfang und Flächeninhalt.

Lösung:

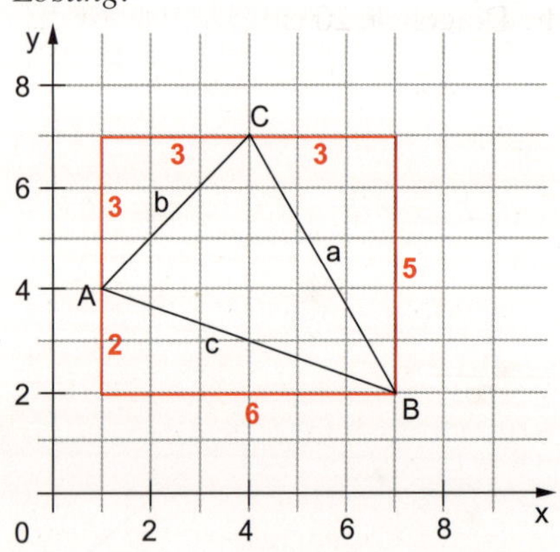

Berechnung der drei Seiten:

$a^2 = 5^2 + 3^2 \quad \Rightarrow \quad a \approx 5{,}83 \text{ LE}$

$b^2 = 3^2 + 3^2 \quad \Rightarrow \quad b \approx 4{,}24 \text{ LE}$

$c^2 = 2^2 + 6^2 \quad \Rightarrow \quad c \approx 6{,}32 \text{ LE}$

Differenz der Koordinaten, sowohl in x-Richtung, als auch in y-Richtung; jeweils eingesetzt in den Satz des Pythagoras.

Berechnung des Umfangs:

$$\begin{aligned} u &= a + b + c \\ &= 5{,}83 + 4{,}24 + 6{,}32 \\ &\approx 16{,}4 \text{ LE} \end{aligned}$$

Berechnung des Flächeninhalts:

$$\begin{aligned} A &= A_R - A_1 - A_2 - A_3 \\ &= 6 \cdot 5 - \frac{1}{2} \cdot 2 \cdot 6 - \frac{1}{2} \cdot 5 \cdot 3 - \frac{1}{2} \cdot 3 \cdot 3 \\ &= 12 \text{ FE} \end{aligned}$$

Die Fläche wird indirekt berechnet: Von der Rechtecksfläche werden die drei rechtwinkligen Dreiecke subtrahiert.

Aufgaben

23 Berechne x. (Alle Angaben in cm.)

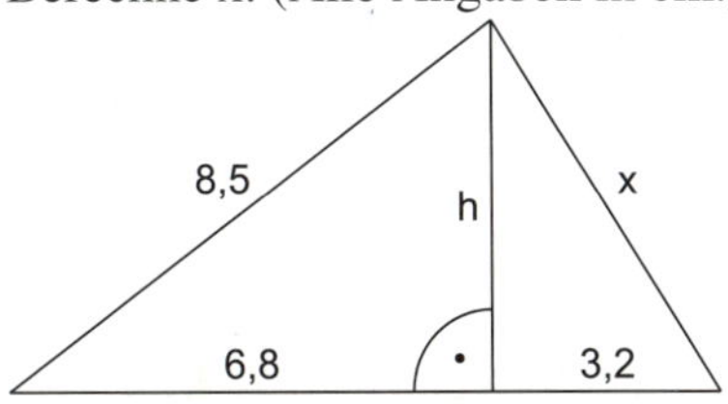

24 Ein rechtwinkliges Trapez hat die (parallelen) Seiten a = 9,6 cm und c = 5,4 cm, sowie einen Flächeninhalt von A = 34,5 cm^2.
Berechne den Umfang.

25 Ein symmetrisches Trapez hat die Seitenlängen b = 5e (LE) und c = 6e (LE) und die Höhe h = 4e (LE).
Berechne die Länge einer Diagonalen in Abhängigkeit von e.

26 Welche(r) Punkt(e) auf der x-Achse sind/ist von P(1 | –3) 5 LE entfernt?

27 In einem Rechteck mit einer Diagonalen von 5e (LE) verhalten sich die Seitenlängen wie 2 : 1.
Zeige, dass der Flächeninhalt des Rechtecks $10e^2$ (FE) beträgt.

28 In einem Rechteck ist die Diagonale 20 cm lang. Die beiden Rechtecksseiten unterscheiden sich um 4 cm.
Gib ihre Längen an.

3.4 Winkelfunktionen

In **rechtwinkligen Dreiecken** verwenden wir folgende Bezeichnungen:

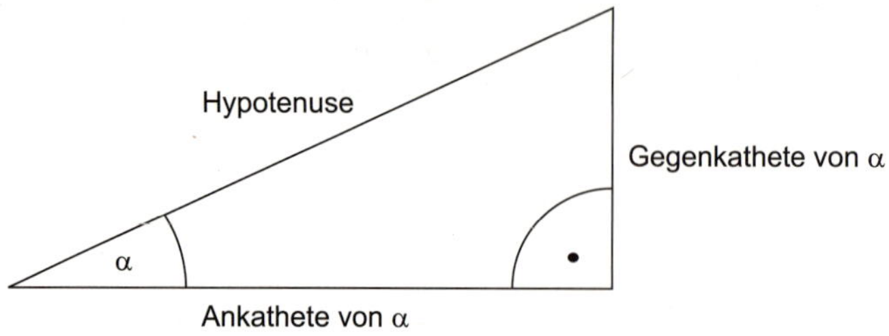

Alle rechtwinkligen Dreiecke mit dem gleich großen Winkel α haben dieselbe Form, aber unterschiedliche Größe. Man bezeichnet sie als zueinander **ähnlich**. Bei ähnlichen Figuren sind die Verhältnisse entsprechender Strecken gleich, daher hängen die Streckenverhältnisse im rechtwinkligen Dreieck nur von der Größe eines Winkels ab.

Merke

Den möglichen Streckenverhältnissen gibt man folgende Namen:

$$\sin\alpha = \frac{\text{Gegenkathete von }\alpha}{\text{Hypotenuse}}$$ **Sinus**

$$\cos\alpha = \frac{\text{Ankathete von }\alpha}{\text{Hypotenuse}}$$ **Kosinus**

$$\tan\alpha = \frac{\text{Gegenkathete von }\alpha}{\text{Ankathete von }\alpha}$$ **Tangens**

Für jeden Winkel sind diese Werte reelle Zahlen, die wir am Taschenrechner ablesen können.

Beispiele

1. $\sin 34° \approx 0{,}56$
2. $\tan 65{,}2° \approx 2{,}16$

Merke

Umgekehrt liefert uns der Taschenrechner bei einem bekannten Verhältnis auch den dazugehörigen Winkel. (Benutze die Tasten $\sin^{-1}$, $\cos^{-1}$ und $\tan^{-1}$.)

Beispiele

1. $\sin\alpha = 0{,}43 \Rightarrow \alpha \approx 25{,}5°$
2. $\cos\beta = 0{,}82 \Rightarrow \beta \approx 34{,}9°$

Merke

Mit diesen drei trigonometrischen Funktionen lassen sich, zusammen mit dem Satz des Pythagoras, alle Strecken und Winkel in einem rechtwinkligen Dreieck berechnen, falls zwei Größen, davon mindestens eine Seite, bekannt sind.

Beispiele

1. In einem rechtwinkligen Dreieck sind die beiden Katheten a = 4,8 cm und b = 3,7 cm lang.
Berechne die Hypotenuse und die Winkel.

Lösung:
Skizze:

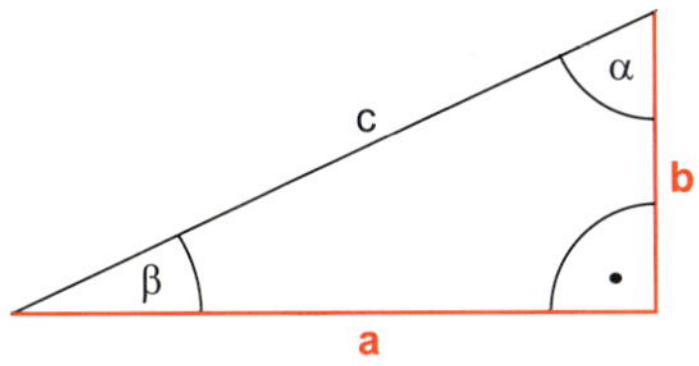

Jede Lösung wird von einer Skizze begleitet. Man bezeichnet dabei alle Größen mit vernünftig gewählten Bezeichnungen.

Berechnung von c:

$c^2 = a^2 + b^2 = 4{,}8^2 + 3{,}7^2$

$\Rightarrow \quad c \approx 6{,}1 \text{ cm}$

Schreibe die Formeln immer zuerst mit den Bezeichnungen der jeweiligen Aufgabe bzw. Skizze und forme ggf. noch um. Dann erst setzt man die Zahlen ein und berechnet die Lösung. Dabei ist meist zu runden.

Berechnung von β:

$\tan\beta = \frac{b}{a} = \frac{3{,}7}{4{,}8}$

$\Rightarrow \quad \beta \approx 37{,}6°$

Berechnung von α:

$\alpha = 180° - 90° - \beta$

$= 180° - 90° - 37{,}6° = 52{,}4°$

Berechnung über die Winkelsumme. Eine andere Möglichkeit wäre, α über die trigonometrischen Funktionen zu berechnen.

2. In einem rechtwinkligen Dreieck beträgt die Kathetenlänge a = 5,9 cm und der Winkel β = 41,6°.
Berechne die beiden anderen Dreiecksseiten und die Höhe.

Lösung:
Skizze:

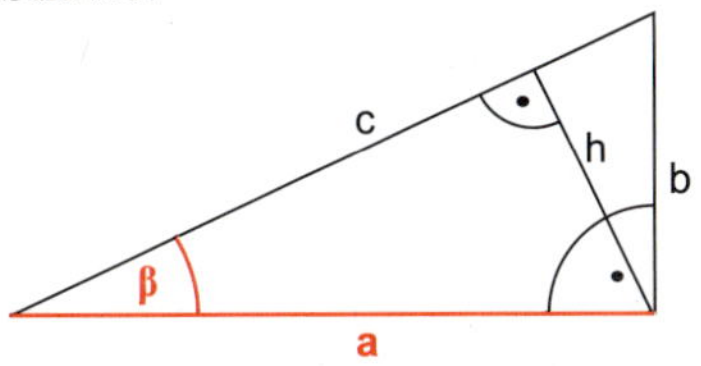

In rechtwinkligen Dreiecken ist nur diese Höhe sinnvoll (und gemeint), denn die beiden anderen Höhen fallen jeweils auf eine Kathete.

Berechnung von c:

Es könnte auch mit der Berechnung von b begonnen werden.

$\cos\beta = \frac{a}{c} \qquad | \cdot c$

$a = c \cdot \cos\beta \qquad | : \cos\beta$

$c = \frac{a}{\cos\beta} = \frac{5{,}9}{\cos 41{,}6°} \approx 7{,}9 \text{ cm}$

Schrittweise umformen nach c.

Berechnung von b:

$\tan\beta = \frac{b}{a} \qquad | \cdot a$

$b = a \cdot \tan\beta$

$= 5{,}9 \cdot \tan 41{,}6° \approx 5{,}2 \text{ cm}$

Es könnten auch der Satz des Pythagoras oder sin β verwendet werden (da c bereits errechnet wurde).

Berechnung von h:

$\sin\beta = \frac{h}{a} \quad |\cdot a$

$h = a \cdot \sin\beta$

$= 5{,}9 \cdot \sin 41{,}6° \approx 3{,}9\text{ cm}$

Gerechnet wird jetzt in einem rechtwinkligen Teildreieck. Dort ist a die Hypotenuse und h eine Gegenkathete (c kommt nicht als Seite vor!).

Merke

Das **Grundlösungsprinzip** aller Aufgaben in der Trigonometrie ist das Auffinden oder Erzeugen von rechtwinkligen Dreiecken (durch Einzeichnen von Hilfslinien), sowie das Übertragen von gemeinsamen Strecken und Winkelzusammenhängen.

Beispiel

Bekannt sind die Strecken $c = 8{,}1$ cm und $e = 7{,}6$ cm, sowie der Winkel $\alpha = 36{,}4°$.
Berechne den Flächeninhalt des Viereckes CDEF.

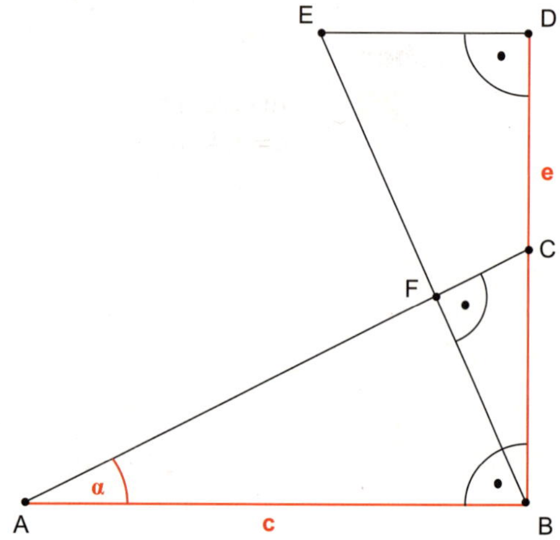

Lösung:

Berechnung von $\overline{BC} = e_1$:

$\tan\alpha = \frac{e_1}{c} \quad |\cdot c$

$e_1 = c \cdot \tan\alpha$

$= 8{,}1 \cdot \tan 36{,}4° \approx 5{,}97\text{ cm}$

Es kann im Folgenden $\overline{BC}$ geschrieben werden, oder die kürzere (sinnvolle) Schreibweise e_1 verwendet werden.

Auf 2 Stellen gerundet.

Überlegung zum Winkel $\sphericalangle CBF = \beta_1$:
Der Winkel $\sphericalangle ACB = \gamma$ beträgt (wegen der Winkelsumme) 53,6°; daher muss β_1 wiederum 36,4° betragen (Winkelsumme).

Es ist einfacher diesen Winkel β_1 zu nennen.

Berechnung von $\overline{BF} = h$:

$\cos\beta_1 = \frac{h}{e_1} \quad |\cdot e_1$

$h = e_1 \cdot \cos\beta_1$

$= 5{,}97 \cdot \cos 36{,}4° \approx 4{,}81\text{ cm}$

Es kann im Folgenden $\overline{BF}$ geschrieben werden, oder kürzer h. Betrachtet wird Dreieck BCF.

Auf 2 Stellen gerundet.

Berechnung von $\overline{CF} = b_1$:

$\sin\beta_1 = \frac{b_1}{e_1} \quad |\cdot e_1$

$b_1 = e_1 \cdot \sin\beta_1$

$= 5{,}97 \cdot \sin 36{,}4° \approx 3{,}54\text{ cm}$

Es kann im Folgenden $\overline{CF}$ geschrieben werden, oder kürzer b_1. Betrachtet wird Dreieck BCF.

Auf 2 Stellen gerundet.

Berechnung von $\overline{DE} = f$:

$$\tan\beta_1 = \frac{f}{e} \quad | \cdot e$$

$$f = e \cdot \tan\beta_1$$

$$= 7{,}6 \cdot \tan 36{,}4° \approx 5{,}60\ \text{cm}$$

Berechnung von A:

$$A = A_1 - A_2 = \frac{1}{2} e \cdot f - \frac{1}{2} b_1 \cdot h$$

$$A = \frac{1}{2} 7{,}6 \cdot 5{,}60 - \frac{1}{2} 3{,}54 \cdot 4{,}81$$

$$\approx 12{,}8\ \text{cm}^2$$

Es kann im Folgenden $\overline{DE}$ geschrieben werden, oder kürzer f. Betrachtet wird Dreieck BDE.

Auf 2 Stellen gerundet.

Flächeninhalt des Vierecks CDEF.

Der Flächeninhalt wird indirekt berechnet, durch Subtraktion der Flächeninhalte der rechtwinkligen Dreiecke BDE und BCF.

Auf 1 Stelle gerundet.

Aufgaben

29 In einem rechtwinkligen Dreieck sind $c = 8{,}4$ cm und $\alpha = 36{,}4°$ bekannt. M ist der Mittelpunkt der Strecke $\overline{AC} = b$. Berechne die Länge der Strecke $\overline{BM}$.

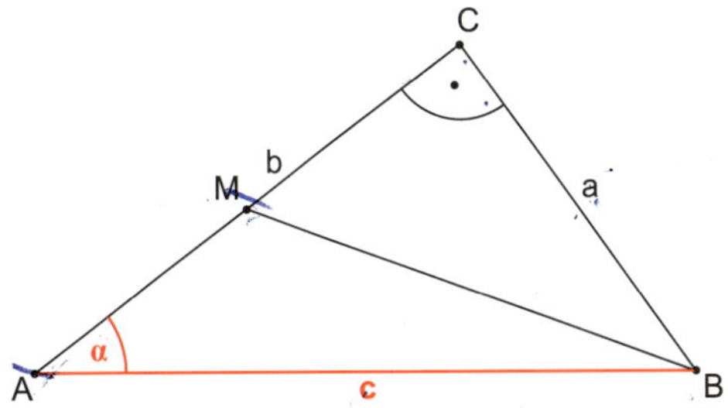

30 Bekannt sind die Strecke $a = 2{,}8$ cm und der Flächeninhalt des Teildreiecks ABC $A_1 = 8{,}4\ \text{cm}^2$. Der Winkel α_2 ist 15° kleiner als α_1 und der Winkel α_3 halb so groß wie α_2. Berechne den Umfang des Fünfeckes ABCDE.

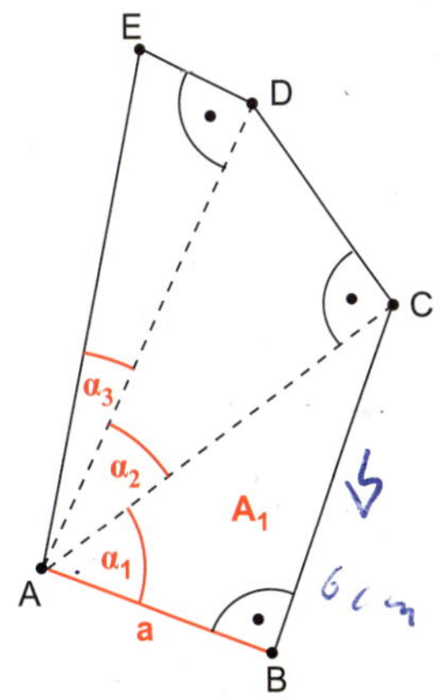

31 Bekannt sind die Strecken $a = 7{,}4$ cm und $b = 3{,}9$ cm. Der Punkt M ist der Mittelpunkt der Strecke $\overline{BC} = a$; die Strecke $\overline{AH}$ halbiert den Winkel α. Berechne den Umfang des Teildreiecks AMH.

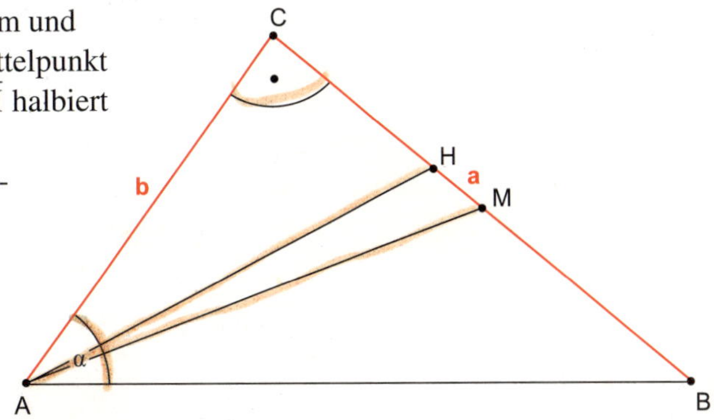

In den Skizzen der vorhergehenden drei Aufgaben sind die gegebenen Seiten und Winkel rot eingefärbt. In den Skizzen der untenstehenden Aufgaben kannst du diese Methode der Arbeitserleichterung üben und die Hervorhebungen selbst vornehmen.

32 Das Dreieck ABC hat die Längen $a = b = 4{,}5$ cm und den Winkel $\gamma = 72{,}4°$. M ist der Mittelpunkt der Strecke $\overline{AB}$.
Berechne die Länge der Strecke $\overline{AE}$.

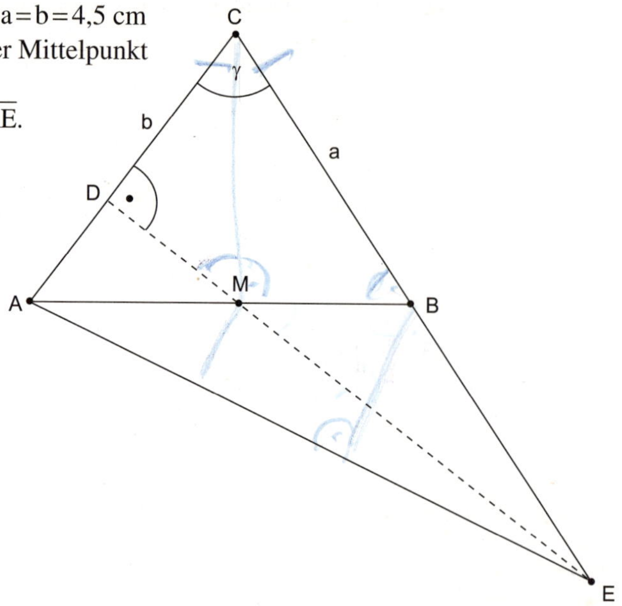

33 Bekannt sind $a = 4{,}6$ cm, $d = 5{,}7$ cm, $\alpha = 151{,}0°$ und $\delta = 48{,}0°$, sowie der Flächeninhalt (des Teildreiecks BCE) $A_1 = 3{,}4$ cm^2.
Berechne den Umfang des Vierecks ABCD.

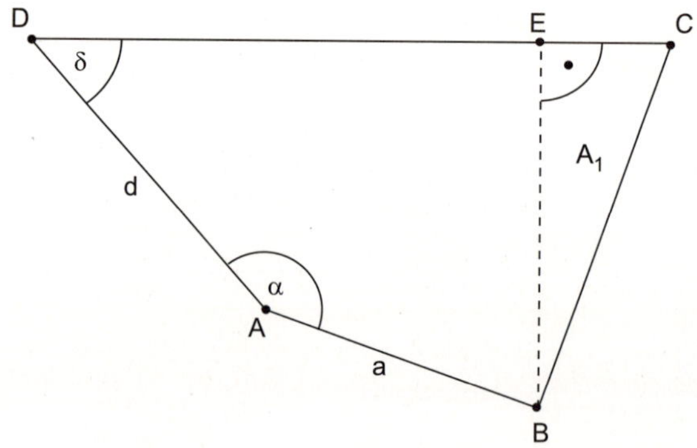

34 Vom Viereck ABCD sind $a = 7{,}8$ cm, $b = 3{,}1$ cm, $\alpha = 51{,}8°$, $\beta = 132{,}6°$ und $\delta = 90°$ bekannt.
Berechne den Abstand des Punktes D von $\overline{AB}$.

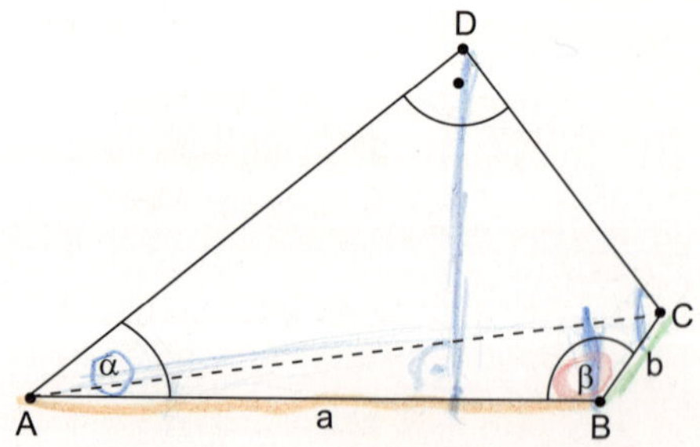

3.5 Spezielle Dreiecke und Winkel

Merke

Bei Aufgaben mit **Formvariablen** wählt man rechtwinklige Dreiecke, bei denen Winkel mit 30°, 45° und 60° vorkommen. Zu diesen Winkeln gibt es exakte Angaben:

$\sin 30° = \frac{1}{2}$ $\quad \cos 30° = \frac{1}{2}\sqrt{3}$ $\quad \tan 30° = \frac{1}{3}\sqrt{3}$

$\sin 45° = \frac{1}{2}\sqrt{2}$ $\quad \cos 45° = \frac{1}{2}\sqrt{2}$ $\quad \tan 45° = 1$

$\sin 60° = \frac{1}{2}\sqrt{3}$ $\quad \cos 60° = \frac{1}{2}$ $\quad \tan 60° = \sqrt{3}$

Bei Berechnungen mit Formvariablen setzt man diese Werte ein.

Beispiel

Berechne $\overline{AB}$ und $\overline{BC}$ in Abhängigkeit von e.

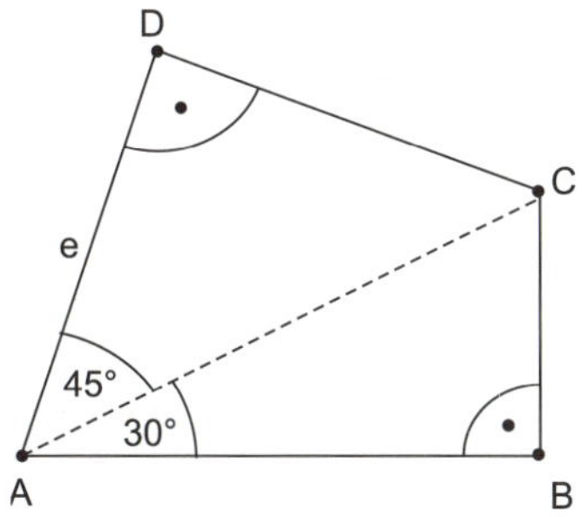

Lösungsmöglichkeit 1:

Berechnung von $\overline{AC}$:

$$\cos 45° = \frac{e}{\overline{AC}} \quad | \cdot \overline{AC}$$

Umformen nach $\overline{AC}$.

$$\overline{AC} \cdot \cos 45° = e \quad |: \cos 45°$$

$$\overline{AC} = \frac{e}{\cos 45°} = \frac{e}{\frac{1}{2}\sqrt{2}} = \frac{e \cdot \sqrt{2}}{\frac{1}{2}\sqrt{2} \cdot \sqrt{2}} = e \cdot \sqrt{2}$$

Erweitern mit $\sqrt{2}$ ergibt 1 im Nenner, da $\sqrt{2} \cdot \sqrt{2} = 2$.

Berechnung von $\overline{BC}$:

$$\sin 30° = \frac{\overline{BC}}{\overline{AC}}$$

Umformen nach $\overline{BC}$.

$$\overline{BC} = \overline{AC} \cdot \sin 30° = e\sqrt{2} \cdot \frac{1}{2} = \frac{e}{2}\sqrt{2}$$

Berechnung von $\overline{AB}$:

$$\cos 30° = \frac{\overline{AB}}{\overline{AC}}$$ Umformen nach $\overline{AB}$.

$$\overline{AB} = \overline{AC} \cdot \cos 30° = e\sqrt{2} \cdot \frac{1}{2}\sqrt{3} = \frac{e}{2}\sqrt{6}$$ $\sqrt{2} \cdot \sqrt{3} = \sqrt{6}$

Merke

Anstelle der Berechnung mit trigonometrischen Funktionen kann man auch die Seitenbeziehungen der zu den obigen Winkeln gehörenden Dreiecke verwenden:

- Zu 45° gehört ein gleichschenklig-rechtwinkliges Dreieck bzw. ein halbes Quadrat. Daher gibt es folgende Seitenbeziehungen: Die Hypotenuse entspricht der Diagonalen

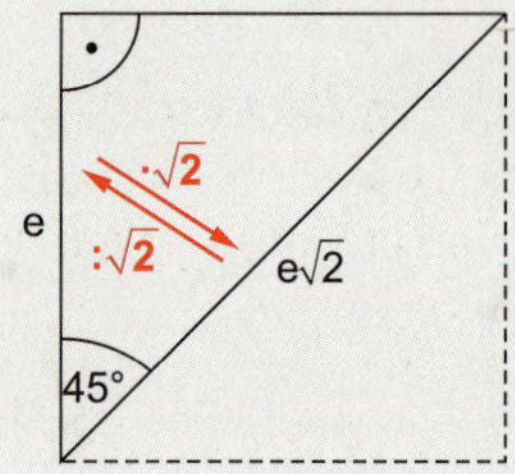

- Zu 30° bzw. 60° gehört ein halbes gleichseitiges Dreieck. Daher gibt es folgende Seitenbeziehung: Die längere Kathete entspricht der Höhe.

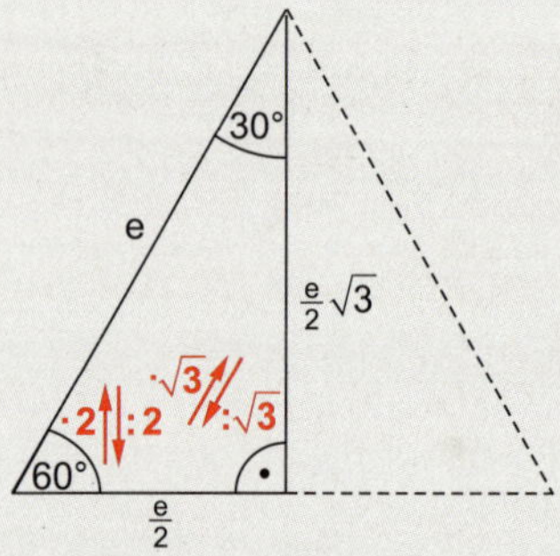

Ausgehend von einer bekannten Seite kann man somit die anderen Seiten (durch Überlegen) errechnen.

Beispiel

Berechne $\overline{AB}$ und $\overline{BC}$ in Abhängigkeit von e.

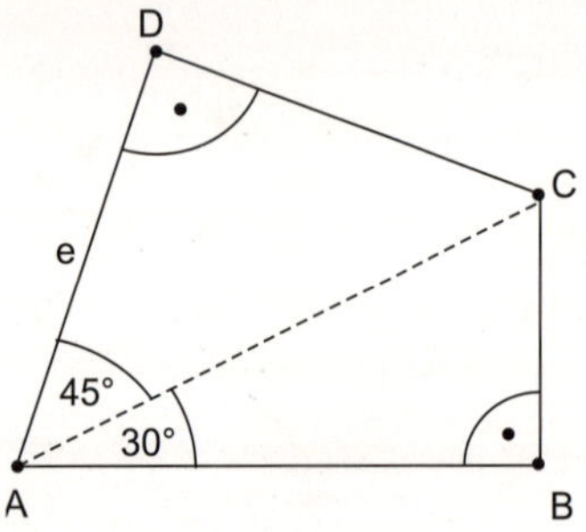

Lösungsmöglichkeit 2:

Berechnung von $\overline{AC}$:

$\overline{AC}$ entspricht der Diagonalen, daher:

$\overline{AC} = \overline{AD}\sqrt{2} = e\sqrt{2}$

Berechnung von $\overline{BC}$:

$\overline{BC}$ ist die Hälfte von $\overline{AC}$, daher:

$$\overline{BC} = \frac{\overline{AC}}{2} = \frac{e\sqrt{2}}{2}$$

Berechnung von $\overline{AB}$:

$\overline{AB}$ entspricht der Höhe, daher:

$$\overline{AB} = \overline{BC}\sqrt{3} = \frac{e\sqrt{2}}{2}\sqrt{3} = \frac{e\sqrt{6}}{2}$$

Aufgaben

35 Berechne den Umfang der Figur ohne Verwendung gerundeter Werte (in Abhängigkeit von e).

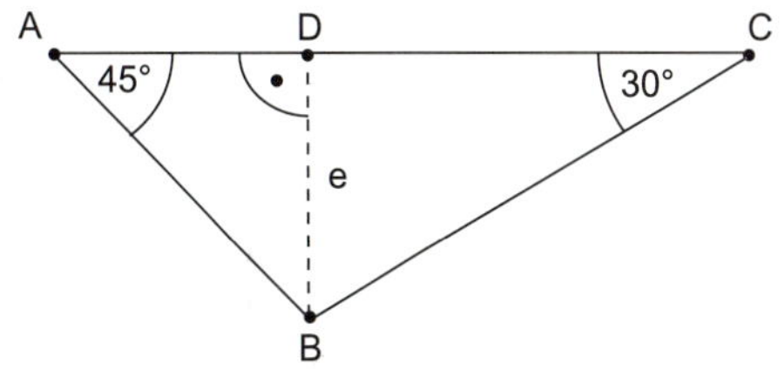

36 Zeige, dass der Flächeninhalt des Dreiecks ABD $\frac{e^2}{12}\sqrt{3}$ (FE) beträgt.

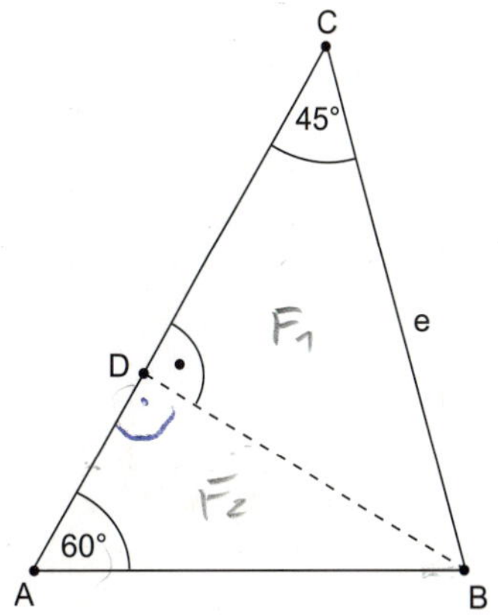

37 Der Flächeninhalt A_1 des Dreiecks ABC_1 beträgt $2e^2$ (FE).
Berechne den Flächeninhalt A_2 des Dreiecks ABC_2 ohne Verwendung gerundeter Werte (in Abhängigkeit von e).

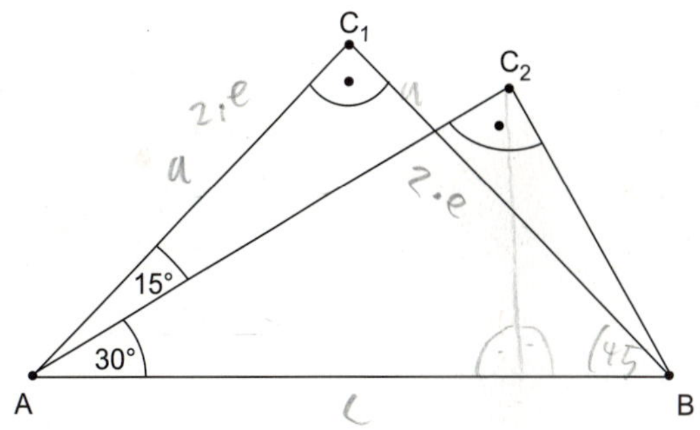

3.6 Zylinder, Kegel, Kugel

Merke

- Für das **Volumen** dieser Körper gelten die Formeln:
  Zylinder: $V = \pi r^2 h$
  Kegel: $V = \frac{1}{3}\pi r^2 h$
  Kugel: $V = \frac{4}{3}\pi r^3$ (r: Radius; h: Höhe)
- Diese Körper kommen auch geteilt oder ausgehöhlt oder zusammengesetzt vor. Dann sind die entsprechenden Formeln zu teilen oder zu subtrahieren oder zu addieren.
- Beim Umstellen der Formeln ist es empfehlenswert, immer zuerst den Hauptnenner (durch Multiplikation) zu entfernen.

Beispiele

1. Auf einem Zylinder mit $r = 3{,}8$ cm und $h_1 = 4{,}2$ cm befindet sich ein Kegel mit $h_2 = \frac{h_1}{2}$.
   Berechne das Volumen des Gesamtkörpers.

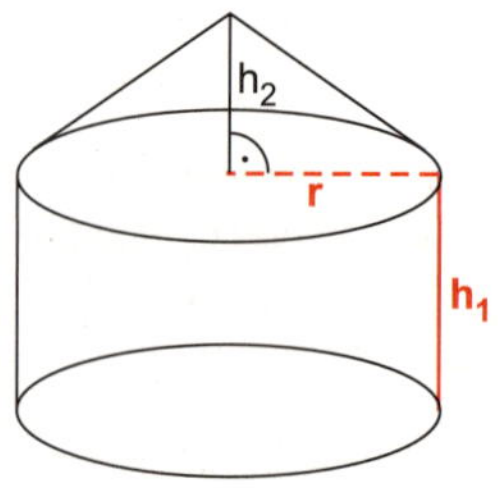

   Lösung:
   Das Gesamtvolumen ergibt sich aus der Addition der Teilvolumina.
   Berechnung von V:
   $V = V_1 + V_2 = \pi r^2 h_1 + \frac{1}{3}\pi r^2 h_2$
   Die Formeln müssen (bei h) mit einem Index versehen werden.
   $V = V_1 + V_2 = \pi \cdot 3{,}8^2 \cdot 4{,}2 + \frac{1}{3}\pi \cdot 3{,}8^2 \cdot 2{,}1$
   $V \approx 222{,}3 \text{ cm}^3$

2. Eine Halbkugel hat ein Volumen von $430{,}2 \text{ cm}^3$.
   Berechne den Radius.
   Lösung:
   Da es sich um eine Halbkugel handelt, ist die Volumenformel zu halbieren und nach r umzuformen:
   Berechnung von r:
   $V = \frac{2}{3}\pi r^3 \quad |\cdot 3$
   Multiplikation mit 3 zum Entfernen des Nenners.
   $3V = 2\pi r^3 \quad |:2\pi$
   Vertauschen der Seiten.
   $r^3 = \frac{3V}{2\pi} = \frac{3 \cdot 430{,}2}{2\pi}$
   Einsetzen der Zahlen immer erst nach dem Umformen. Jetzt muss noch die dritte Wurzel gezogen werden.
   $\Rightarrow \quad r \approx 5{,}9 \text{ cm}^3$

3. Aus einem Zylinder mit $h_1 = 5{,}2$ cm wird ein Kegel mit $h_2 = 4{,}2$ cm ausgehöhlt. Das Volumen des Restkörpers beträgt $V = 114{,}7 \text{ cm}^3$.
   Berechne den Radius der Figur.

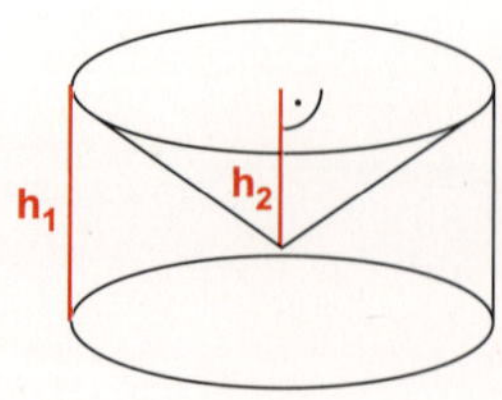

Lösung:

Das Volumen des Restkörpers ergibt sich aus der Subtraktion der Teilvolumina.

Berechnung von V:

$$V = V_1 - V_2 = \pi r^2 h_1 - \frac{1}{3}\pi r^2 h_2 \quad |\cdot 3$$

Multiplikation mit 3 zum Entfernen des Nenners.

$$3V = 3\pi r^2 h_1 - \pi r^2 h_2$$

Ausklammern des gemeinsamen Faktors r^2.

$$3V = r^2(3\pi h_1 - \pi h_2)$$

Vertauschen der Seiten und Division durch die Klammer.

$$r^2 = \frac{3V}{3\pi h_1 - \pi h_2} = \frac{3 \cdot 114{,}7}{3\pi \cdot 5{,}2 - \pi \cdot 4{,}2}$$

Einsetzen der Zahlen.

Achtung: Beim Eintippen in den Taschenrechner darf die Klammer nicht weggelassen werden!

$$\Rightarrow \quad r \approx 3{,}1\,\text{cm}$$

Merke

- Die **Oberfläche** von Körpern setzt sich immer aus **Grundfläche(n)** und **Mantelfläche(n)** zusammen. Daher ist es sinnvoll die Formel zur Berechnung der Oberfläche immer aus den Formeln für die Grundfläche(n) A und die Mantelfläche(n) M zu ermitteln.
- Für die Oberflächen dieser Körper gelten die Formeln:
  Zylinder: $O = 2A + M = 2\pi r^2 + 2\pi r h$
  Kegel: $O = A + M = \pi r^2 + \pi r s$
  Kugel: $O = M = 4\pi r^2$
  (r: Radius; h: Höhe; s: Seiten- bzw. Mantellinie)
- Bei „geteilten“ oder „ausgehöhlten“ oder „zusammengesetzten“ Körpern werden die entsprechenden Formeln für die Grundfläche(n) und Mantelfläche(n) zur Gesamtoberfläche addiert.

Die Oberflächen lassen sich auch als Netz darstellen. Dabei gilt:

Zylinder: Das Netz besteht aus 2 Kreisen (Grundflächen) und einem Rechteck:

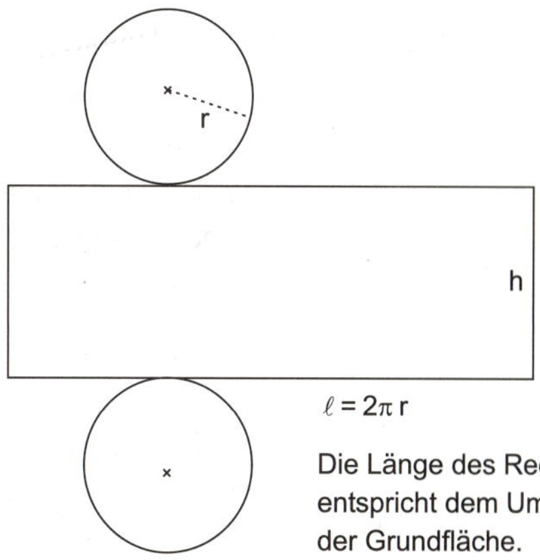

Die Länge des Rechtecks entspricht dem Umfang der Grundfläche.

Kegel: Das Netz besteht aus einem Kreis (Grundfläche) und einem (Kreis-)sektor:

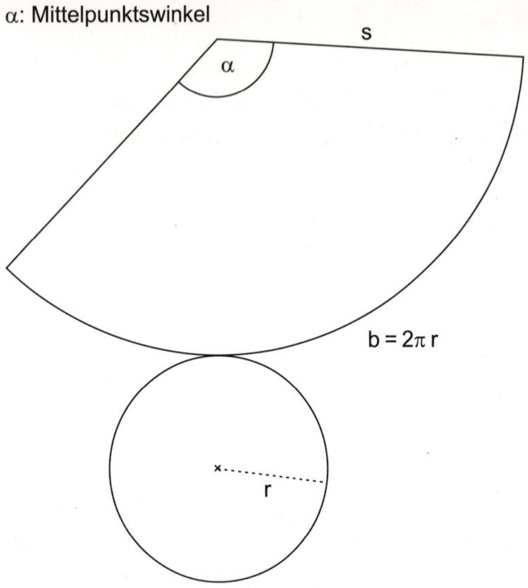

Der Radius des Sektors hat dieselbe Länge wie die Seitenlinie.

Die Länge des Bogens entspricht dem Umfang der Grundfläche.

Für viele Überlegungen ist ein Achsenschnitt hilfreich, dabei genügt häufig ein „halber“ Achsenschnitt:

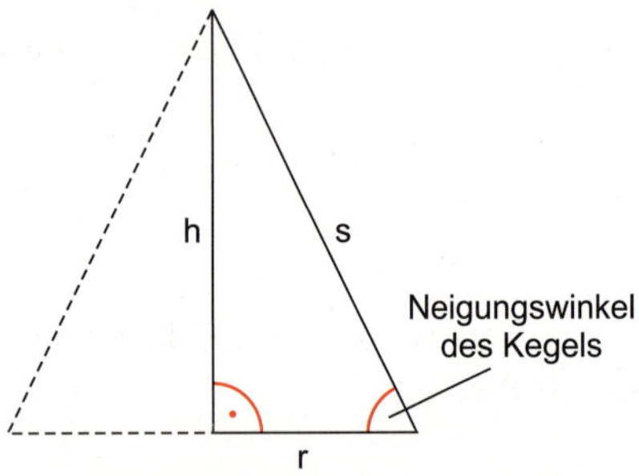

Beispiele

1. Auf einem Zylinder mit $r = 3{,}8$ cm und $h_1 = 4{,}2$ cm befindet sich ein Kegel mit $h_2 = \frac{h_1}{2}$.

   Berechne die Oberfläche des Gesamtkörpers.

   Lösung:

   Die Gesamtoberfläche ergibt sich aus der Addition einer Grundfläche des Zylinders, der Mantelfläche des Zylinders und der Mantelfläche des Kegels.

   Berechnung der Seitenlinie s des Kegels:

   $s^2 = h_2^2 + r^2 = 2{,}1^2 + 3{,}8^2$

   Nebenrechnung zur Ermittlung von s als Zwischenergebnis auf 2 Stellen gerundet.

   $\Rightarrow \quad s \approx 4{,}34$ cm

   Berechnung von O:

   $O = A + M_1 + M_2 = \pi r^2 + 2\pi r h_1 + \pi r s$

   $\quad = \pi \cdot 3{,}8^2 + 2\pi \cdot 3{,}8 \cdot 4{,}2 + \pi \cdot 3{,}8 \cdot 4{,}34$

   $O \approx 197{,}5 \text{ cm}^2$

2. Eine Halbkugel hat eine Oberfläche von 208,2 cm^3.
   Berechne den Radius.

   Lösung:

   Da es sich um eine Halbkugel handelt, setzt sich die Oberfläche aus einer Grundfläche und dem Mantel der Halbkugel zusammen. Diese Summe muss dann nach r umgeformt werden:

   Berechnung von r:

   $O = A + M = \pi r^2 + 2\pi r^2 = 3\pi r^2 \quad |:3\pi$ — Die Vielfachen von πr^2 können zusammengefasst werden.

   $r^2 = \frac{O}{3\pi} = \frac{208{,}2}{3\pi}$ — Einsetzen der Zahlen und Wurzelziehen.

   $\Rightarrow \quad r \approx 4{,}7\ cm$

Merke

> Wenn in einer Gleichung die gesuchte Größe (hier: r) sowohl **linear** als auch **quadratisch** vorkommt, liegt eine **quadratische Gleichung** vor. Da diese Gleichung nur mit der Lösungsformel gelöst werden kann, werden in diesem Fall die **Zahlen gleich eingesetzt** und dann die Gleichung für die Lösungsformel umgeformt!

Beispiel

Aus einem Zylinder mit h = 5,4 cm wird eine Halbkugel mit gleichem Radius r ausgehöhlt.
Die Oberfläche dieses Körpers beträgt O = 265,0 cm^2.
Berechne das Volumen des Körpers.

Lösung:

Die Oberfläche setzt sich zusammen aus einer Grundfläche und dem Mantel des Zylinders und dem Mantel der Halbkugel:

Berechnung von r_2:

$O = A + M_1 + M_2 = \pi r^2 + 2\pi r h + 2\pi r^2$

$265{,}0 = \pi r^2 + 2\pi r \cdot 5{,}4 + 2\pi r^2$ — Zusammenfassen und ordnen.

$265{,}0 = 3\pi r^2 + 10{,}8\pi r \quad |-265{,}0$

$3\pi r^2 + 10{,}8\pi r - 265{,}0 = 0 \quad |:3\pi$ — Vertauschen der Seiten.

$r^2 + 3{,}6r - 28{,}12 = 0$ — Division durch 3π.

$r = \frac{-3{,}6 \pm \sqrt{12{,}96 + 112{,}48}}{2}$ — Einsetzen in die Lösungsformel.

$r = \frac{-3{,}6 + 11{,}2}{2} = 3{,}80\ cm$ — Negativer Wert scheidet aus.

Berechnung von V:

$V = V_1 - V_2 = \pi r^2 h - \frac{2}{3}\pi r^3$

$= \pi \cdot 3{,}8^2 \cdot 5{,}4 - \frac{2}{3}\pi \cdot 3{,}8^3$

$\approx 130{,}0\ cm^3$

Aufgaben

38 Ein Zylinder und ein Kegel besitzen denselben Radius $r = 3{,}8$ cm.
Der Zylinder hat eine Höhe von $h_1 = 5{,}4$ cm.
Welche Höhe h_2 hat der Kegel, wenn beide Körper dieselbe Oberfläche besitzen?

39 Auf einer Halbkugel befindet sich ein Kegel, dessen Höhe dem Durchmesser der Kreisfläche entspricht. Das Volumen des Gesamtkörpers beträgt $V = 57{,}9\ \text{cm}^3$.
Berechne den Radius der Figur.

40 Ein Kegel mit $r = 3{,}6$ cm und $h = 4{,}2$ cm wird senkrecht halbiert.
Um wie viel Prozent ändert sich dadurch die Oberfläche?

41 Zwei Kegel werden miteinander verglichen:
Kegel 1: Radius $r_1 = 4{,}2$ cm Höhe $h_1 = 5{,}6$ cm
Kegel 2: Radius $r_2 = 3{,}5$ cm Mantel- bzw. Seitenlinie $s_2 = 8{,}4$ cm
Überprüfe folgende Behauptungen und begründe deine Entscheidung:
a) Die Körper haben dieselbe Mantelfläche.
b) Die Volumina unterscheiden sich um mehr als $10\ \text{cm}^3$.

42 Eine zylinderförmige (Getränke-)dose hat einen Innendurchmesser von 7,2 cm und eine Höhe von 12,5 cm.
a) Zeige, dass in diese Dose 0,5 ℓ gefüllt werden können.
b) Wie viel Prozent des Volumens werden dabei nicht genutzt?

Merke

> Bei Aufgaben mit Formvariablen wird π nicht ausgerechnet, d. h. man schreibt die Ergebnisse als Vielfaches von π.

Beispiel

Die Skizze zeigt einen Zylinder, aus dem ein Kegel mit gleichem Radius ausgeschnitten ist. Dabei beträgt der Radius 3e (LE), die Höhe des Zylinders 5e (LE) und die Höhe des Kegels 4e (LE).
Berechne die Oberfläche in Abhängigkeit von e (als Vielfaches von π).

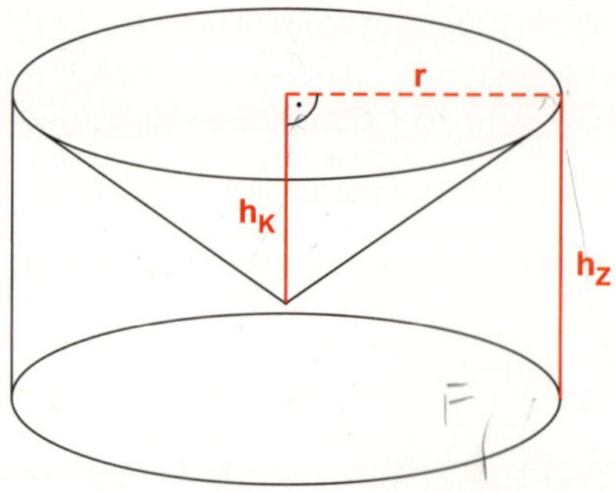

Lösung:

Berechnung von s:

$$s^2 = h_K{}^2 + r^2 = (4e)^2 + (3e)^2$$
$$= 16e^2 + 9e^2 = 25e^2$$
$$\Rightarrow \quad s = 5e \text{ (LE)}$$

Berechnung von O:

$$O = A + M_Z + M_K$$
$$= \pi r^2 + 2\pi r h_Z + \pi r s$$
$$= \pi \cdot (3e)^2 + 2\pi \cdot 3e \cdot 5e + \pi \cdot 3e \cdot 5e$$
$$= 9\pi e^2 + 30\pi e^2 + 15\pi e^2$$
$$= 54\pi e^2 \text{ (FE)}$$

Aufgaben

43 Berechne für den im Beispiel gezeigten Körper das Volumen in Abhängigkeit von e (als Vielfaches von π). r = 3e

44 Auf einem Zylinder mit dem Radius $r_1 = 2e$ und der Höhe $h_1 = 5e$ steht ein zweiter Zylinder, dessen Radius und Höhe jeweils halb so groß sind wie beim ersten Zylinder.

a) Zeige, dass die Oberfläche des Gesamtkörpers $O = 33\pi e^2$ beträgt.

b) Für welchen Wert von e beträgt die Oberfläche $335{,}9\text{ cm}^2$?

3.7 Prisma, Pyramide

Merke

Vor der Berechnung des Volumens oder der Oberfläche sollte zuerst die **Grundfläche** des Prismas oder der Pyramide betrachtet werden.
Eine wichtige Rolle spielen hierbei die **regelmäßigen Vielecke**, für diese Vielecke (mit Grundseite a) gelten folgende Formeln:

gleichseitiges Dreieck: $A = \frac{a^2}{4} \cdot \sqrt{3}$

Quadrat: $A = a^2$

regelmäßiges Sechseck: $A = \frac{3a^2}{2} \cdot \sqrt{3}$

regelmäßiges n-Eck: $A = \frac{n \cdot a \cdot \rho}{2}$ (n: Anzahl der Ecken)

Grundfläche eines Vielecks (hier: Fünfeck):

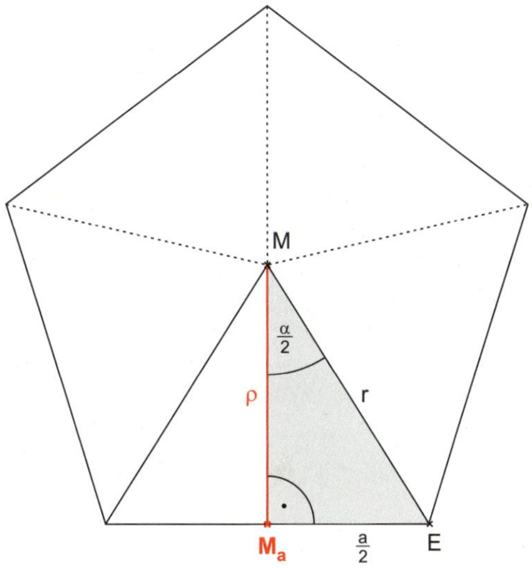

Zur Berechnung von ρ und r helfen folgende Überlegungen, die in **allen regelmäßigen Vielecken** gelten:

Merke

- Bestimmung des Winkels α: $\alpha = \frac{360°}{n}$ (n: Anzahl der Ecken)
- Pythagoras und trigonometrische Beziehungen im Dreieck MM_aE
- Für das Volumen dieser Körper gelten die Formeln:
  Prisma: $V = A \cdot h$
  Pyramide: $V = \frac{1}{3} A \cdot h$
  (h: Höhe des Körpers)
- Diese Körper kommen auch geteilt oder ausgehöhlt oder zusammengesetzt vor. Dann sind die entsprechenden Formeln zu teilen oder zu subtrahieren oder zu addieren.
- Beim Umstellen der Formeln ist es empfehlenswert, immer zuerst den/die Nenner (durch Multiplikation) zu entfernen.

Beispiele

1. Aus einem Würfel der Kantenlänge a = 5,2 cm wird eine halb so hohe Pyramide (mit gleicher Grundfläche) ausgehöhlt. Berechne das Volumen des Körpers.

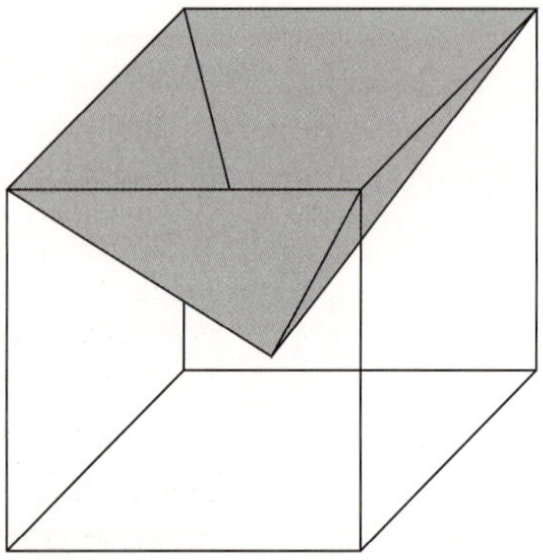

Lösung:

Berechnung von V:

$$V = V_1 - V_2 = A \cdot h_1 - \frac{1}{3} A \cdot h_2$$

$$V = a^2 \cdot h_1 - \frac{1}{3} a^2 \cdot h_2$$

$$V = 5{,}2^3 - \frac{1}{3} 5{,}2^2 \cdot 2{,}6 \approx 117{,}2 \text{ cm}^3$$

Das Volumen ergibt sich aus der Subtraktion der Teilvolumina. Da die Körper quadratisch sind, gilt für A: $A = a^2$.

Beim Würfel gilt: h = a (somit hier: $h_1 = 5{,}2$ cm und $h_2 = 2{,}6$ cm).

2. Ein 4,8 cm hohes Prisma hat als Grundfläche ein regelmäßiges Fünfeck. Das Volumen des Prismas beträgt 145,8 cm³. Berechne die Seitenlänge des Fünfecks.

Lösung:

Berechnung von A:

$$V = A \cdot h \quad |:h$$

$$A = \frac{V}{h} = \frac{145{,}8}{4{,}8} \approx 30{,}38 \text{ cm}^2$$

Berechnung von α:

$$\alpha = \frac{360°}{5} = 72°$$

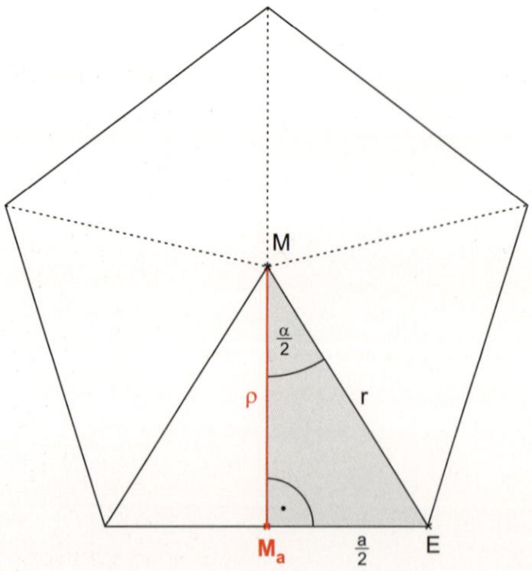

Zusammenhang zwischen a und ρ:

$$\tan 36° = \frac{\frac{a}{2}}{\rho} \qquad |\cdot\rho$$

$\frac{\alpha}{2} = \frac{72°}{2} = 36°$

$$\rho\cdot\tan 36° = \frac{a}{2} \qquad |\cdot 2$$

Vertauschen der Seiten.

$$a = 2\cdot\rho\cdot\tan 36°$$

Berechnung von ρ:

$$A = \frac{5\cdot a\cdot\rho}{2}$$

Einsetzen des Zusammenhanges: $a = 2\cdot\rho\cdot\tan 36°$.

$$A = \frac{5\cdot 2\cdot\rho\cdot\tan 36°\cdot\rho}{2} = 5\cdot\rho^2\cdot\tan 36° \qquad |:(5\cdot\tan 36°)$$

$$\rho^2 = \frac{A}{5\cdot\tan 36°} = \frac{30,38}{5\cdot\tan 36°}$$

$$\Rightarrow \quad \rho \approx 2,89\text{ cm}$$

Berechnung von a:

$a = 2\cdot\rho\cdot\tan 36° = 2\cdot 2,89\cdot\tan 36° \approx 4,2$ cm

Merke

Wenn in einer Gleichung die gesuchte Größe (hier: a) sowohl **linear** als auch **quadratisch** vorkommt, liegt eine **quadratische Gleichung** vor. Da diese Gleichung nur mit der Lösungsformel gelöst werden kann, werden in diesem Fall die **Zahlen gleich eingesetzt** und dann die Gleichung für die Lösungsformel umgeformt.

Beispiel

Bei einer 6,0 cm hohen Pyramide mit rechteckiger Grundfläche unterscheiden sich die beiden Rechteckseiten um 2 cm. Das Volumen der Pyramide beträgt 82,5 cm³.
Berechne den Umfang der Grundfläche.

Lösung:

Berechnung von A:

$$V = \frac{1}{3}A\cdot h \qquad |\cdot 3$$

Entfernen des Nenners.

$$3V = A\cdot h \qquad |:h$$

$$A = \frac{3V}{h} = \frac{3\cdot 82,5}{6,0} = 41,25\text{ cm}^2$$

Zusammenhang zwischen den Rechtecksseiten:
Da sich die beiden Seiten a und b um 2 cm unterscheiden, gilt: $b = a + 2$

Berechnung von a:

$$A = a\cdot b = a\cdot(a+2) = a^2 + 2a$$

Einsetzen der Zahlen.

$$41,25 = a^2 + 2a$$

Vertauschen der Seiten.

$$a^2 + 2a - 41,25 = 0$$

$$a = \frac{-2\pm\sqrt{4+165}}{2}$$

Einsetzen in die Lösungsformel.

$$a = \frac{-2+13}{2} = 5,5\text{ cm}$$

Negativer Wert scheidet aus.

Berechnung von u:

$u = 2a + 2b = 2a + 2(a+2) = 2\cdot 5,5 + 2\cdot 7,5 = 26,0$ cm

Merke

- Für die **Oberfläche** dieser Körper gelten die Formeln:
  Prisma: $O = 2A + M$
  Pyramide: $O = A + M$
- Für die Mantelfläche dieser Körper gelten folgende Zusammenhänge:
  Prisma: Der Mantel besteht aus n (Anzahl der Ecken) Rechtecken, daher gilt:
  $M = n \cdot a \cdot h$
  (a: Grundseite; h: Körperhöhe)
  Pyramide: Der Mantel besteht aus n (Anzahl der Ecken) gleichschenkligen Dreiecken, daher gilt: $M = n \cdot \frac{a \cdot h_S}{2}$

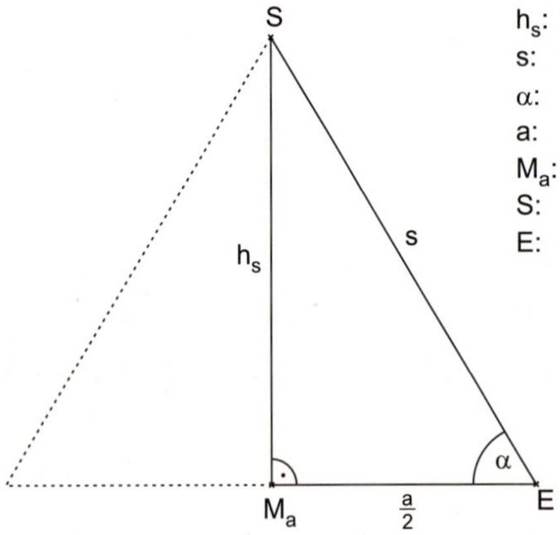

h_s: Seitenhöhe (Höhe einer Seitenfläche)
s: Seitenkante
α: Winkel (zwischen Seitenkante und Grundseite)
a: Grundseite
M_a: Mittelpunkt der Grundseite a
S: Spitze der Pyramide
E: (ein) Eckpunkt der Pyramide

Bei **allen** Pyramiden sind noch zwei Achsenschnitte zu unterscheiden, dabei ist es häufig sinnvoll, nur einen „halben" Achsenschnitt zu betrachten:

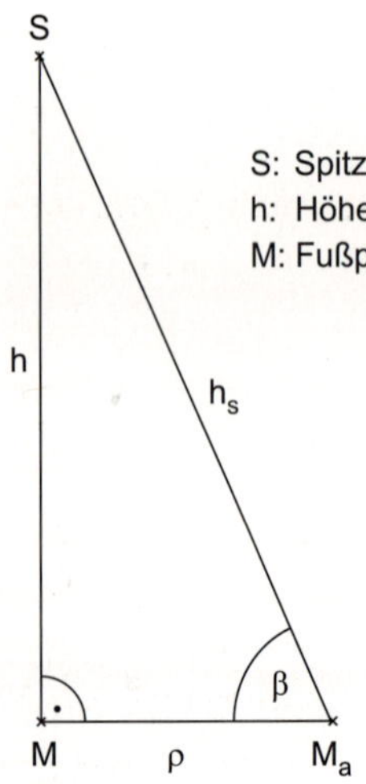

S: Spitze der Pyramide
h: Höhe der Pyramide
M: Fußpunkt der (Körper-)höhe

Achsenschnitt zur Seitenmitte M_a

β: Winkel zwischen Seitenhöhe h_s bzw. Seitenfläche und der Grundfläche

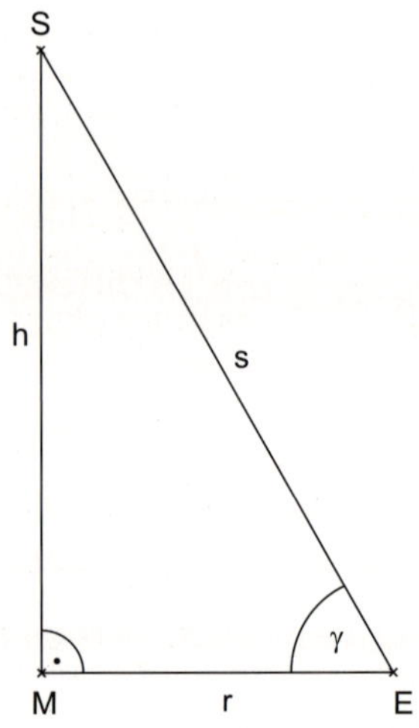

Achsenschnitt zu einer Ecke E

γ: Winkel zwischen Seitenkante s und der Grundfläche

Das Netz eines Prismas besteht aus den beiden Grundflächen und n Rechtecken.
Das Netz einer Pyramide besteht aus der (einen) Grundfläche und n gleichschenkligen Dreiecken.

Beispiele

1. Netz eines dreiseitigen Prismas:

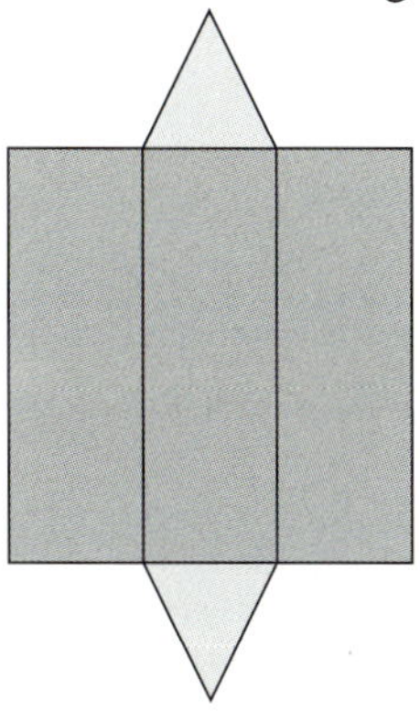

Netz einer sechsseitigen Pyramide:

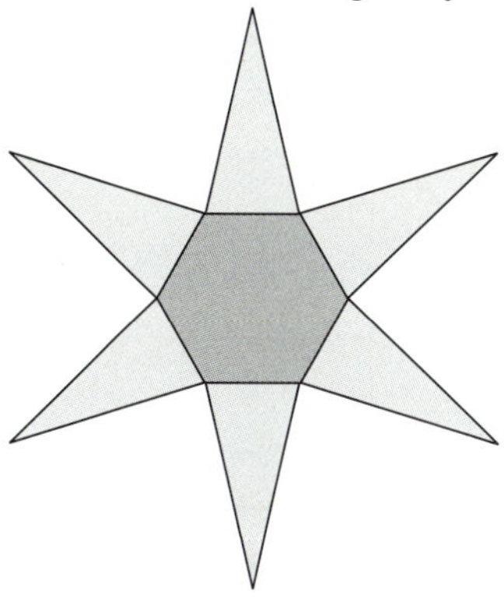

2. Eine quadratische Pyramide hat die Grundseiten a = 4,4 cm und eine Höhe von h = 5,9 cm.
   Berechne die Oberfläche und den Winkel γ zwischen einer Seitenkante und der Grundfläche.

   Lösung:

   Berechnung von h_s:

   $$h_s{}^2 = h^2 + \rho^2$$

   $$h_s{}^2 = 5{,}9^2 + 2{,}2^2$$

   $$\Rightarrow \quad h_s \approx 6{,}30 \text{ cm}$$

   Wobei bei einer quadratischen Grundfläche: $\rho = \frac{a}{2}$

   Berechnung von O:

   $$O = A + M = a^2 + 4 \cdot \frac{a \cdot h_s}{2} = 4{,}4^2 + 2 \cdot 4{,}4 \cdot 6{,}30 = 74{,}8 \text{ cm}^2$$

   Berechnung von s:
   Möglichkeit 1: (Seitenfläche)

   $$s^2 = h_s{}^2 + \left(\frac{a}{2}\right)^2 = 6{,}30^2 + 2{,}2^2$$

   $$\Rightarrow \quad s \approx 6{,}67 \text{ cm}$$

   Möglichkeit 2: (Achsenschnitt)

   $$s^2 = h^2 + r^2 = 5{,}9^2 + (2{,}2 \cdot \sqrt{2})^2$$

   $$\Rightarrow \quad s \approx 6{,}67 \text{ cm}$$

   Wobei $r = \frac{a}{2} \cdot \sqrt{2}$ (Mit dem Satz des Pythagoras im Dreieck MM_aE.)

   Berechnung von γ:

   $$\sin\gamma = \frac{h}{s} = \frac{5{,}9}{6{,}67} \quad \Rightarrow \quad \gamma = 62{,}2°$$

3. Ein 6,5 cm hohes Prisma mit einem regelmäßigen Sechseck als Grundfläche hat eine Oberfläche von 150,0 cm^2.
   Berechne das Volumen.

Lösung:

Berechnung von a:

$$O = 2A + M = 2 \cdot \frac{3a^2}{2} \cdot \sqrt{3} + 6 \cdot a \cdot h$$

$$150 = 3a^2\sqrt{3} + 6a \cdot 6{,}5 \quad |-150 \text{ Vertauschen der Seiten.}$$

$$3a^2\sqrt{3} + 39a - 150 = 0 \quad |:3\sqrt{3}$$

$$a^2 + 7{,}51 - 28{,}87 = 0$$

$$a = \frac{-7{,}51 \pm \sqrt{56{,}40 + 115{,}48}}{2}$$ Einsetzen in die Lösungsformel.

$$a = \frac{-7{,}51 + 13{,}11}{2} = 2{,}80 \text{ cm}$$ Negativer Wert scheidet aus.

Berechnung von V:

$$V = A \cdot h = \frac{3a^2}{2} \cdot \sqrt{3} \cdot h$$

$$V = 3 \cdot \frac{2{,}8^2}{2} \cdot \sqrt{3} \cdot 6{,}5 \approx 132{,}4 \text{ cm}^3$$

4. Die Zeichnung zeigt einen Ausschnitt aus dem Netz eines zusammengesetzten Körpers. Die Länge von a beträgt 4,8 cm.
   Berechne den Abstand der Punkte P und S **im** Körper!

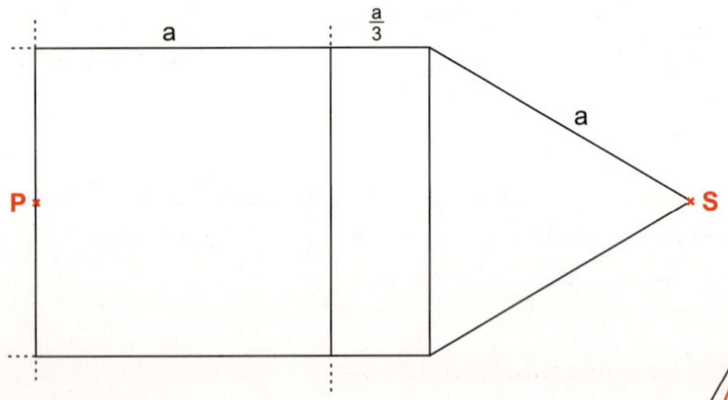

Lösung:

Zur Lösung zeichnen wir zunächst den dazugehörigen „halben" Achsenschnitt:

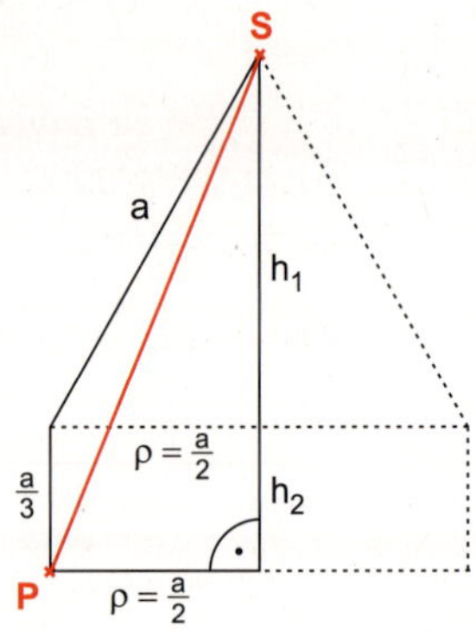

Berechnung von h_1:

$$a^2 = \rho^2 + h_1^2$$ Bei einer quadratischen Grundfläche: $\rho = \frac{a}{2}$

$$h_1^2 = a^2 - \rho^2 = 4{,}8^2 - 2{,}4^2$$

$$\Rightarrow \quad h_1 \approx 4{,}16 \text{ cm}$$

Berechnung von $\overline{PS}$:

$$\overline{PS}^2 = \rho^2 + (h_1 + h_2)^2$$ Es gilt hier: $h_2 = \frac{a}{3}$

$$\overline{PS}^2 = 2{,}4^2 + 6{,}4^2$$

$$\Rightarrow \quad \overline{PS} \approx 6{,}8 \text{ cm}$$

Aufgaben

45 Bei einer 6,3 cm hohen quadratischen Pyramide beträgt der Winkel β zwischen einer Seitenhöhe und der Grundfläche 69,1°.
Welche Höhe h_2 muss ein Prisma mit gleicher Grundfläche besitzen, wenn bei beiden Körpern auch die Oberfläche gleich groß ist?

46 Eine Pyramide mit einer Höhe von $h = 5{,}7$ cm hat als Grundfläche ein regelmäßiges Neuneck mit einer Seitenlänge von $a = 4{,}2$ cm.
Berechne die Länge aller Kanten.

47 Ein quadratisches Prisma hat die Grundseiten $a = 4{,}4$ cm und eine Höhe von $h = 5{,}9$ cm. Wie lang sind die Grundseiten eines gleich hohen quadratischen Primas, dessen Oberfläche um 11 % kleiner ist?

48 Eine quadratische Pyramide mit $a = 4{,}5$ cm und $V = 43{,}2\ \text{cm}^3$ wird auf 2 Arten in zwei volumengleiche Teile geteilt:
- Schnitt parallel zu einer Grundkante durch die Mitte des Körpers
- Schnitt entlang einer Diagonalen

Um wie viel unterscheiden sich die Oberflächen der auf diese Weise gebildeten Teilkörper?

49 Auf einem quadratischen Prisma mit den Grundseiten e und einer Höhe von $\frac{e}{2}$ befindet sich eine volumengleiche Pyramide.
Für welchen Wert von e beträgt die Mantelfläche des zusammengesetzten Körpers $74{,}5\ \text{cm}^2$?

50 Eine 6,1 cm hohe Pyramide hat als Grundfläche ein gleichseitiges Dreieck. Der Winkel γ zwischen einer Seitenkante und der Grundfläche beträgt 70,2°.
Berechne die Oberfläche der Pyramide.

51 Die Skizze zeigt das Netz einer dreiseitigen Pyramide mit einem gleichseitigen Dreieck als Grundfläche.
Zeige, dass die Oberfläche $O = \frac{7e^2}{4}\sqrt{3}$ beträgt.

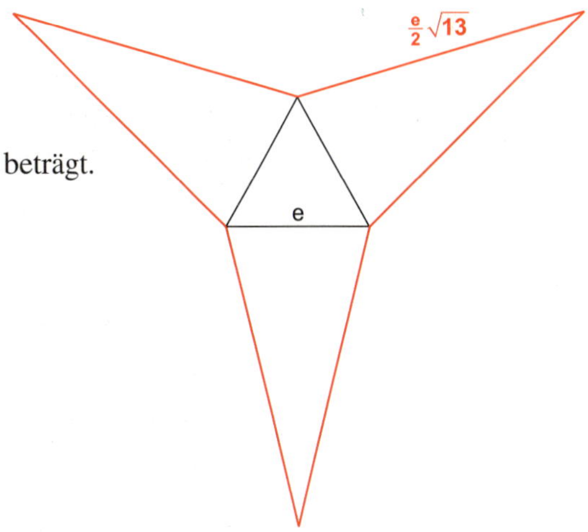

4 Zahlenfolgen und Sachrechnen

4.1 Zahlenfolgen und Muster

Merke

- Eine **Zahlenfolge** ist eine Auflistung von endlich oder unendlich vielen nummerierten Zahlen.
- Eine Zahlenfolge a liegt dann vor, wenn der natürlichen Zahl n in eindeutiger Weise eine Zahl a(n) zugeordnet ist. Die Variable n steht dabei für die Position der Zahl in der Folge und a(n) für die Zahl an der Position n in der Zahlenfolge.
- Oft können Zahlenfolgen mit Funktionsgleichungen oder Termen dargestellt werden.
- Zahlenfolgen kann man mit Symbolen, Geldstücken, Plättchen, Streichhölzern o. ä. veranschaulichen.

Beispiele

1. Wie viele Plättchen hat die Figur (14)? Begründe deine Antwort.

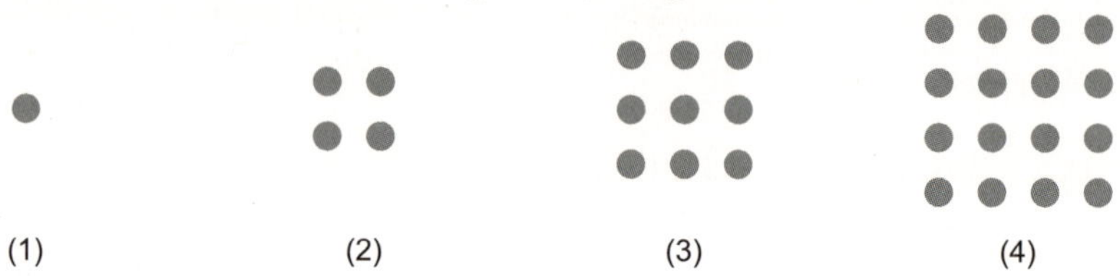

Lösung:
Zunächst muss die Gesetzmäßigkeit gefunden werden, mit der sich die Zahlenfolge (hier: Anzahl der Plättchen je Figur) von einer bestimmten Figur zur Nachfolgefigur verändert. Wie hier wachsen Zahlenfolgen oft von Element zu Element an.

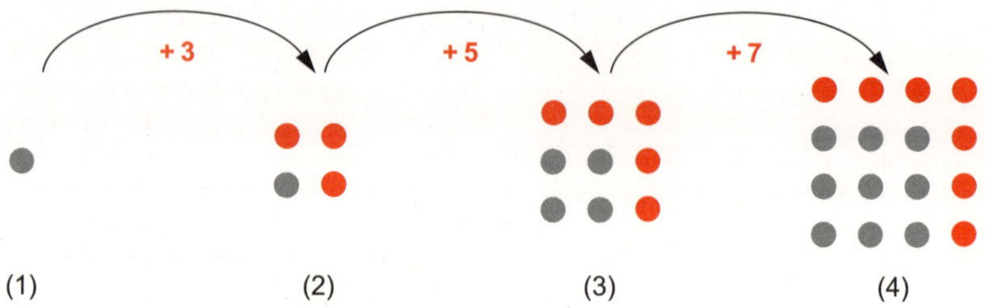

Überlegungen zur Zahlenfolge:
- Die Plättchen bilden jeweils ein Quadrat.
- Die Seitenlänge des Quadrats wird jeweils um ein Plättchen erhöht.
- Von Figur (1) zu Figur (2) erhöht sich die Anzahl der Plättchen um 3.
- Von Figur (2) zu Figur (3) erhöht sich die Anzahl der Plättchen um 5.
- Von Figur (3) zu Figur (4) erhöht sich die Anzahl der Plättchen um 7.
- Die Figur (5) besteht aus insgesamt 25 Plättchen. Das ergibt sich aus der Anzahl der Plättchen bei Figur (4) und den 9 Plättchen, die hinzugefügt werden müssen, sodass die Seitenlänge des Quadrats 5 Plättchen misst.

Bildungsgesetz der Zahlenfolge:
Es wird immer die nächst höhere, ungerade Zahl zur Zahl der bisherigen Plättchen addiert, um die folgende Figur zu erhalten.

Aus wie vielen Plättchen besteht die Figur (14)?

Es gibt verschiedene Möglichkeiten der Berechnung/Bestimmung:

- Man addiert die Plättchen von Figur (1) und die jeweils hinzukommenden Plättchen bis zu Figur (14):
  $1+3+5+7+9+11+13+15+17+19+21+23+25+27=196$
- Die Figur (14) ist ein Quadrat mit einer Seitenlänge von 14 Plättchen. Die Anzahl der Plättchen beträgt daher: $14^2=196$.
- Eine weitere Möglichkeit wäre es, die Figur (14) zu zeichnen (Quadrat mit einer Seitenlänge von 14 Plättchen) und die Plättchen abzuzählen.

Begründung:

Es gibt verschiedene Möglichkeiten zur Begründung:

- Die Plättchenanzahl der Figur (n) lässt sich über die Funktionsgleichung $a(n)=n^2$ modellieren, da Figur (n) ein Quadrat mit n Plättchen Seitenlänge ist. Daher besteht Figur (14) aus $a(14)=14^2=196$ Plättchen.
- Bei jeder Figur kommt zur Anzahl der Plättchen der Vorgängerfigur die nächst höhere, ungerade Zahl an Plättchen hinzu. Figur (14) besteht demnach aus $1+3+5+7+9+11+13+15+17+19+21+23+25+27=196$ Plättchen.

2. Die Figuren werden aus Streichhölzern gelegt. Welche Figur kann man mit 150 Streichhölzern maximal legen? Begründe deine Antwort.

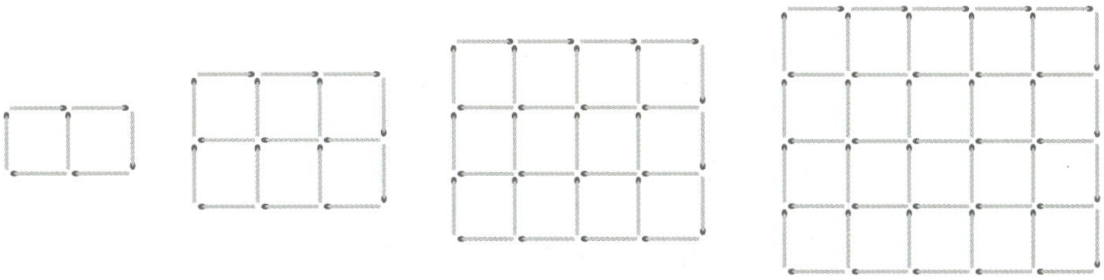

(1) (2) (3) (4)

Lösung:

7 $\quad 7+10=17 \quad 17+10+4=31 \quad 31+14+4=49$

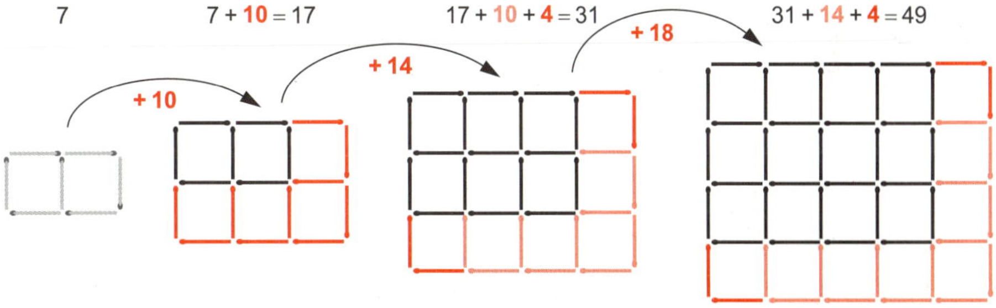

(1) (2) (3) (4)

Überlegungen zur Zahlenfolge:

- Die Streichhölzer bilden ein Rechteck.
- Beide Seiten des Rechtecks werden jeweils um eine Streichholzlänge verlängert.
- Von Figur (1) zu Figur (2) erhöht sich die Anzahl der Streichhölzer um 10.
- Von Figur (2) zu Figur (3) erhöht sich die Anzahl der Streichhölzer um 14.
- Von Figur (3) zu Figur (4) erhöht sich die Anzahl der Streichhölzer um 18.
- Für die hinzukommenden Streichhölzer gilt:
  - Bei Figur (2) kommen 10 neue Hölzer hinzu (rot markiert).
  - Bei Figur (3) kommen 10 neue Hölzer (rosa markiert), wie bei Figur (2), plus weitere 4 Hölzer (rot markiert) hinzu.
  - Bei Figur (4) kommen 14 neue Hölzer (rosa markiert), wie bei Figur (3), plus weitere 4 Hölzer (rot markiert) hinzu.

Bildungsgesetz der Zahlenfolge:
Ab Figur (3) wird der Zuwachs bei jeder Figur um 4 Streichhölzer größer.

Welche Figur lässt sich mit 150 Streichhölzern maximal legen?
Durch Addition der Streichhölzer von Figur (1) und der jeweils hinzukommenden Streichhölzer lässt sich die Gesamtzahl berechnen:
Figur (7): $7+10+14+18+22+26+30=127$ Streichhölzer
Figur (8): $7+10+14+18+22+26+30+34=161$ Streichhölzer
Somit lässt sich maximal die Figur (7) mit 150 Streichhölzern legen. 23 Streichhölzer sind übrig.

Aufgaben

52 Das Punktemuster wächst entsprechend der Darstellung an.
Aus wie vielen Punkten besteht die Figur (11)?

(1) (2) (3) (4)

53 Es stehen 60 Plättchen zur Verfügung. Welche Figur kann man damit maximal legen?

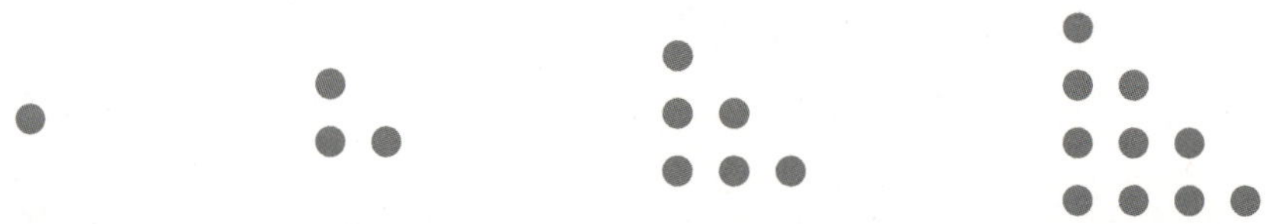

(1) (2) (3) (4)

54 Aus wie vielen Punkten besteht die Figur (9)?
Tipp: Die nicht ausgefüllten Plättchen sind bei der Figur jeweils neu dazugekommen.

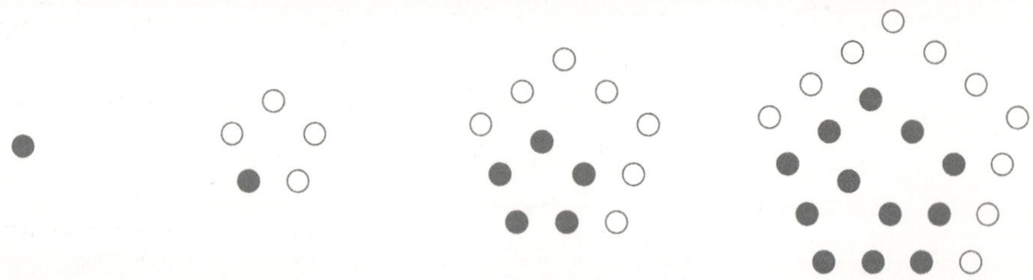

(1) (2) (3) (4)

55 Die folgenden Figuren werden aus Streichhölzern gelegt.
Wie viele Streichhölzer benötigt man für Figur (15)?

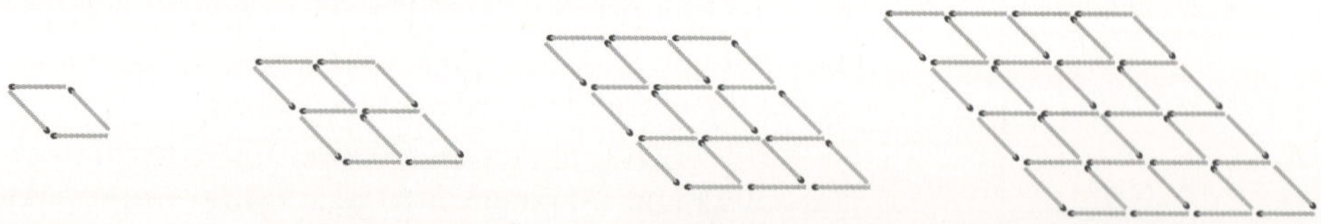

(1) (2) (3) (4)

4.2 Prozentrechnung, Zinseszins und Schuldentilgung

Merke

- Die **Prozentangabe** wird auch **Prozentsatz p** genannt.
  Da jede **Prozentangabe** einen **Bruch mit Nenner 100** bedeutet, kannst du sie leicht in eine **Dezimalzahl** umschreiben.
- Der **Grundwert G** ist die **Ausgangsgröße**, also die Größe, auf die sich der Prozentsatz bezieht.
- Der **Prozentwert W** ist das **Ergebnis**, also der Wert, der zum Prozentsatz gehört.
- Um den Prozentwert zu berechnen, musst du den **Grundwert mit der Dezimalzahl multiplizieren**.
- Sollten der Grundwert oder die Dezimalzahl unbekannt sein, so schreibst du dafür zunächst eine Unbekannte „x" und löst dann die entstehende Gleichung.

Beispiele

1. Wie viel sind 19 % von 360 kg?

Lösung:

$360\text{ kg} \cdot 0{,}19 = 68{,}4\text{ kg}$

Der Prozentwert ist gesucht.
Der Grundwert wird mit $19\,\% = \frac{19}{100} = 0{,}19$ multipliziert.

2. 12 % sind 78 ℓ.

Lösung:

$$x \cdot 0{,}12 = 78\,\ell \quad |:0{,}12$$
$$x = 650\,\ell$$

Der Grundwert ist gesucht.
Der unbekannte Grundwert x wird mit 0,12 multipliziert.

3. Eine Fläche von 250 m^2 wird um 20 m^2 verringert.

Lösung:

$$250\text{ m}^2 \cdot x = 20\text{ m}^2 \quad |:250$$
$$x = 0{,}08 = 8\,\%$$

Der Prozentsatz ist gesucht.
Der Grundwert wird mit dem unbekannten Prozentsatz x multipliziert. Der Prozentwert ist 20 m^2.

Für die Prozentrechnung kann auch eine Formel verwendet werden, sie lautet:

$$W = G \cdot p\,\% \quad \text{bzw.} \quad W = \frac{G \cdot p}{100}$$

Hierbei wird die Prozentangabe nicht in eine Dezimalzahl umgeschrieben.

Damit ergibt sich für Beispiel 3 folgende Lösungsalternative:

$$W = G \cdot p\,\% \quad \Big|\; p\,\% = \frac{p}{100}$$
$$W = \frac{G \cdot p}{100} \quad |\cdot 100$$

Umformen der Gleichung: Multiplikation mit dem Nenner.

$$W \cdot 100 = G \cdot p \quad |:G$$

Weiteres Umformen und Vertauschen der Seiten.

$$p = \frac{W \cdot 100}{G} = \frac{20 \cdot 100}{250} = 8\,\%$$

Merke

Die Zinsrechnung ist ein Sonderfall der Prozentrechung. Dabei gilt:

- Die **Prozentangabe p** wird **Zinssatz p** genannt, er kann leicht in eine **Dezimalzahl** umgeschrieben werden.
- Der **Grundwert G**, also die Ausgangsgröße wird auch **Kapital K** oder bei Schulden **(Rest-)darlehen** genannt.
- Der **Prozentwert W**, also das Ergebnis, das zum Zinssatz gehört, wird **Zinsen Z** genannt.
- Um die Zinsen zu berechnen, musst du das **Kapital mit der Dezimalzahl multiplizieren**.
- Sollte der Grundwert oder die Dezimalzahl unbekannt sein, so schreibst du auch hier zunächst eine Unbekannte „x" und löst dann die entstehende Gleichung.

Beispiele

1. Berechne 4,75 % von 1 200 €: 4,75 % ⇒ Faktor: 0,0475

   $1\,200\text{ €} \cdot 0{,}0475 = 57\text{ €}$

2. 3,25 % sind 27,95 €:

   $x \cdot 0{,}0325 = 27{,}95\text{ €} \quad |:0{,}0325$

   $x = 860\text{ €}$

3. Ein Kapital von 1 200 € bringt 45 € Zinsen:

   $1\,200\text{ €} \cdot x = 45\text{ €} \quad |:1\,200\text{ €}$

   $x = 0{,}0375 = 3{,}75\ \%$

Merke

- Bei der Zinsrechnung wird immer von Jahreszinsen ausgegangen, man berechnet also immer ein ganzes Jahr. Sollte nicht das ganze Jahr gegeben oder gesucht sein, so muss man die Jahreszinsen berechnen und mit einem Dreisatz die Anzahl der angegebenen oder gesuchten Tage berücksichtigen. Ein Jahr wird stets mit 360 Tagen (12 Monate à 30 Tage) gerechnet.
- Bei Berechnungen über mehrere Jahre ist es hilfreich, eine Tabelle mit Rechenpfeilen anzulegen. Dies vereinfacht insbesondere Aufgaben bei denen „zurückgerechnet" werden muss und bei denen am Jahresende noch zusätzliche Veränderungen vorgenommen werden.
- **Zinseszinsen** bedeutet, dass im jeweils folgenden Jahr das Kapital um die (Jahres-)zinsen zugenommen hat, somit muss man mit einem veränderten Grundwert weiterrechnen.
- **Veränderte Grundwerte** kann man direkt berechnen, indem man die Prozentangabe zu 100 % addiert oder von 100 % subtrahiert (und dann wieder in eine Dezimalzahl verwandelt).

Beispiel

Ein Kapital von 2 800 € wird im ersten Jahr mit 2,5 % und in den folgenden Jahren mit 3,0 % verzinst.
Wie lange dauert es, bis es auf 3 000 € angewachsen ist?

Lösung:
Die Aufgabe wird in eine Tabelle „übersetzt" und die rechenbare Schritte werden ausgeführt:

Zeit in Jahren	0	1	2	3
Kapital in €	2 800	2 870	2 956,10	3 044,78

(0 → 1: · 1,025; 1 → 2: · 1,03; 2 → 3: · 1,03)

Zinsen im 3. Jahr: 88,68 €

3 044,78 € – 2 956,10 € oder: 2 956,10 · 0,03

$$88{,}68\ € \triangleq 360\ \text{Tage}$$

: 88,68 (beide Seiten)

$$1\ € \triangleq \frac{360}{88{,}68}\ \text{Tage}$$

· 43,90 (beide Seiten)

$$43{,}90\ € \triangleq 179\ \text{Tage}$$

3 000 € – 2 956,10 €. Auf ganze Tage runden!

Es dauert 2 Jahre und 179 Tage.

Für die Zinsrechnung können auch Formeln verwendet werden,

sie lauten: $Z = K \cdot p\,\%$ bzw. $Z = \frac{K \cdot p}{100}$

Für Jahreszinsen.

und: $Z = \frac{K \cdot p \cdot t}{100 \cdot 360}$

Für Tageszinsen, wobei: t = Anzahl der Tage.

Bei Zinseszinsen gilt:
$K_n = K_0 \cdot q^n$

K_0 ist das Anfangskapital und K_n das Kapital nach n Jahren; $q = 1 + \frac{p}{100}$ (konstanter Zinsfaktor).

Damit ergibt sich für das Beispiel folgende Lösungsalternative:

Kapital nach 1 Jahr:
$K_1 = K_0 \cdot q = 2\,800\ € \cdot 1{,}025 = 2\,870\ €$

Kapital nach 2 Jahren:
$K_2 = K_1 \cdot q = 2\,870\ € \cdot 1{,}03 = 2\,956{,}10\ €$

Kapital nach 3 Jahren:
$K_3 = K_1 \cdot q^2 = 2\,870\ € \cdot 1{,}03^2 = 3\,044{,}78\ €$

Da sich der Zinsfaktor nicht mehr ändert, kann K_3 auch von K_1 aus berechnet werden.

Nach 2 Jahren fehlen Zinsen in Höhe von:
43,90 €

3 000 € – 2 956,10 €

$$Z = \frac{K_2 \cdot p \cdot t}{100 \cdot 360} \quad |\cdot(100 \cdot 360)$$

Umformen der Gleichung: Multiplikation mit dem Hauptnenner.

$$Z \cdot 100 \cdot 360 = K_2 \cdot p \cdot t \quad |:(K_2 \cdot p)$$

Weiteres Umformen und Vertauschen der Seiten.

$$t = \frac{Z \cdot 100 \cdot 360}{K_2 \cdot p}$$

$$= \frac{43{,}90 \cdot 100 \cdot 360}{2\,956{,}10 \cdot 3} \approx 179$$

Auf ganze Tage runden.

Es dauert 2 Jahre und 179 Tage.

Merke

Bei Aufgaben, bei denen am Jahresende noch zusätzlich Einzahlungen, Abhebungen oder Tilgungen (bei Schulden) stattfinden, kann die Lösung nur über Gleichungen gefunden werden. Diese Gleichungen können dadurch ermittelt werden, dass man die Aufgabe zunächst in eine Tabelle „übersetzt".

Beispiel

1. Ein Kapital von 4 800 € wird zu einem Zinssatz von 3 % angelegt und zusätzlich wird jeweils am Jahresende derselbe Betrag einbezahlt, sodass zum Beginn des 4. Jahres das Kapital 6 790 € beträgt.
   Berechne, wie viel Geld jeweils am Jahresende einbezahlt wird.

   Lösung:
   Die Aufgabe wird in eine Tabelle „übersetzt". Die rechenbaren Schritte werden ausgeführt:

Zeit in Jahren	0	1 (Ende)	2 (Anfang)	2 (Ende)	3 (Anfang)	3 (Ende)	4 (Anfang)
Kapital in €	4 800	4 944					6790

   $\cdot 1{,}03$ → $+\,x$ → $\cdot 1{,}03$ → $+\,x$ → $\cdot 1{,}03$ → $+\,x$

   Daraus ergibt sich die Gleichung:

$$((4\,944 + x)\cdot 1{,}03 + x)\cdot 1{,}03 + x = 6\,790 \qquad \text{Auflösen der inneren Klammer.}$$
$$(4\,944 \cdot 1{,}03 + 1{,}03x + x)\cdot 1{,}03 + x = 6\,790$$
$$4\,944 \cdot 1{,}03^2 + 1{,}03^2 x + 1{,}03x + x = 6\,790 \qquad |-(4\,944 \cdot 1{,}03^2)$$
$$1{,}03^2 x + 1{,}03x + x = 6\,790 - 4\,944 \cdot 1{,}03^2 \qquad \text{Ausklammern von x.}$$
$$x(1{,}03^2 + 1{,}03 + 1) = 6\,790 - 4\,944 \cdot 1{,}03^2 \qquad |:(1{,}03^2 + 1{,}03 + 1)$$
$$x \approx 499{,}83$$

   Am Jahresende werden jeweils 499,83 € einbezahlt.

2. Bei einem Darlehen von 56 000 € werden jeweils am Jahresende 6 000 € zurückbezahlt. Am Anfang des 3. Jahres beträgt das Darlehen noch 49 440 €.
   Berechne den Zinssatz, zu dem das Darlehen gewährt wird.

   Lösung:
   Die Aufgabe wird in eine Tabelle „übersetzt" und die rechenbaren Schritte werden ausgeführt:

Zeit in Jahren	0	1 (Ende)	2 (Anfang)	2 (Ende)	3 (Anfang)
Kapital in €	56 000			55 440	49 440

   $\cdot x$ → $-6\,000$ → $\cdot x$ → $-6\,000$ (zurück: $+6\,000$)

   Daraus ergibt sich die Gleichung:

$$(56\,000 \cdot x - 6\,000)\cdot x = 55\,440$$
$$56\,000 \cdot x^2 - 6\,000 \cdot x = 55\,440 \qquad |-55\,440$$
$$56\,000x^2 - 6\,000x - 55\,440 = 0 \qquad |:80$$
$$700x^2 - 75x - 693 = 0$$
$$x = \frac{75 \pm \sqrt{5\,625 + 1\,940\,400}}{1\,400} \qquad \text{Einsetzen in die Lösungsformel.}$$
$$x = \frac{75 + 1\,395}{1\,400} \qquad \text{Der Radikand wird addiert, daraus die Wurzel gezogen (keine negative Lösung sinnvoll).}$$
$$x = 1{,}05$$

   Der Zinssatz beträgt 5 %.

Aufgaben

56 Ein Kapital von 12 000 € wird zu einem Zinssatz von 3 % angelegt. Am Jahresende wird dreimal jeweils derselbe Betrag abgehoben, sodass zum Beginn des 4. Jahres das Kapital aufgebraucht ist.

57 Eine Bank gewährt im ersten Jahr eine Verzinsung von 2,0 %, diese steigt dann jährlich um 0,25 Prozentpunkte an.
Wie viel muss man anlegen, um nach 4 Jahren 10 000 € zu besitzen?

58 Ein Kapital von 7 250 € wird 4 Jahre auf die Bank gelegt und wächst auf insgesamt 8 002,64 € an.
a) Welcher Zinssatz wird jährlich gewährt?
b) Um wie viel Prozent ist das Kapital insgesamt gewachsen?

59 Ein Kapital von 11 400 € wird im ersten Jahr mit 2,12 % und im dritten Jahr mit 2,85 % verzinst. Insgesamt wächst es in den drei Jahren um 7,58 %.
Berechne den Zinssatz im zweiten Jahr.

60 Ein Darlehen über 9 380 € muss in 4 Jahren zurückbezahlt werden, der Zinssatz beträgt in den ersten beiden Jahren 3,5 % und in den beiden letzten Jahren 4,5 %. Jeweils am Jahresende wird dreimal eine konstante Rate zurückbezahlt und dann noch eine Schlussrate in Höhe von 3 131,32 €.
a) Berechne die konstante Rate.
b) Berechne die Kosten dieses Darlehens in Euro und in Prozent.

4.3 Graphiken, Diagramme und Tabellen

Diagramme können am Ende einer Aufgabe stehen, sie können aber auch, wie Tabellen, als Daten- bzw. Informationsquelle dienen. Die erforderlichen Angaben werden dann dem Diagramm oder der Tabelle entnommen.

Merke

Die wichtigsten Diagramme sind das **Kreisdiagramm**, das **Säulen-** oder **Balkendiagramm**, das **Streifendiagramm** sowie das **Punkt-** oder **Liniendiagramm**.

Beispiele

1. Die Anzahl der T-Mobile-Kundinnen und Kunden stieg von 19,1 Mio. im Jahr 2000 auf 29,8 Mio. im Jahr 2006. Damit hat T-Mobile im Jahr 2006 einen Anteil von 37,0 % aller Kundinnen und Kunden. Die Anteile der wichtigsten Mitbewerber betragen: Vodafone: 36,2 %; E-Plus: 14,8 %; O_2: 10,0 %.
   a) Um wie viel Prozent wuchs T-Mobile insgesamt im Zeitraum 2000 bis 2006?
   b) Wie viele Kundinnen und Kunden gibt es insgesamt?
   c) Stelle die Anteile in einem Kreisdiagramm dar.

   Lösung:

   a) $19{,}1\text{ Mio.}\cdot x = 29{,}8\text{ Mio.}$
   $x \approx 1{,}560 = 156{,}0\ \%$

   Der Anteil wuchs um 56,0 %.

   b) $x \cdot 0{,}37 = 29{,}8\text{ Mio.}$
   $x \approx 80{,}5\text{ Mio.}$

   Insgesamt gibt es 80,5 Millionen Kundinnen und Kunden.

   c) Um die Winkel zu bestimmen, müssen die %-Angaben mit 3,6 multipliziert werden:

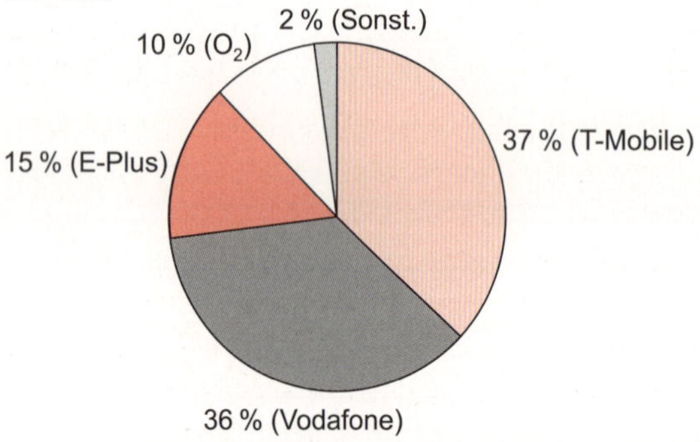

   ($100\ \% \mathrel{\hat{=}} 360°$)

   T-Mobile: 37 % $\mathrel{\hat{=}}$ 133°
   Vodafone: 36 % $\mathrel{\hat{=}}$ 130°
   E-Plus: 15 % $\mathrel{\hat{=}}$ 54°
   O_2: 10 % $\mathrel{\hat{=}}$ 36°
   und somit:
   sonstige Anbieter: 7°

2. Das folgende Streifendiagramm gibt Aufschluss über die Schwere der Verletzungen, die Fahrradfahrer*innen bei Verkehrsunfällen in einem Jahr davontrugen.

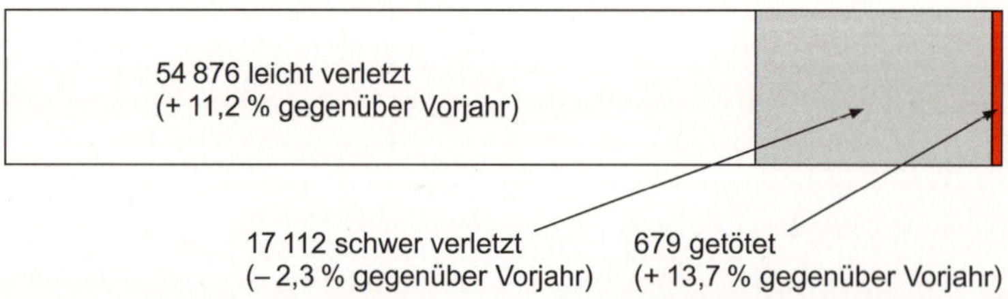

   a) Wie viele Fahrradfahrer*innen verunglückten in diesem Jahr?
   b) Wie viele Fahrradfahrer*innen verunglückten im Vorjahr?
   c) Um wie viel Prozent hat sich die Anzahl der Unfälle (insgesamt) verändert?

Lösung:

a) Gesamtzahl: 72 667 Fahrradfahrer*innen

b) leicht verletzt: $x \cdot 1{,}112 = 54\,876$ (+11,2 % ⇒ Faktor: 1,112)
$x = 49\,349$ (auf „ganze“ gerundet)

schwer verletzt: $x \cdot 0{,}977 = 17\,112$ (–2,3 % ⇒ Faktor: 0,977)
$x = 17\,515$ (auf „ganze“ gerundet)

getötet: $x \cdot 1{,}137 = 697$ (+13,7 % ⇒ Faktor: 1,137)
$x = 613$ (auf „ganze“ gerundet)

Gesamtzahl (Vorjahr): 67 477 Fahrradfahrer*innen

c) $67\,477 \cdot x = 72\,667$
$x \approx 1{,}077 = 107{,}7\ \%$

Es gab 7,7 % mehr Fahrradunfälle als im Vorjahr.

Aufgaben

61

Jahr	Verkehrstote insgesamt	davon Autofahrer*innen	Kraftfahrzeugbestand
2003	6 613	3 774	53,66 Mio.
2004	5 842	3 238	54,08 Mio.
2005	5 361	2 833	54,52 Mio.

Quelle: http://www.destatis.de/basis/d/verk/verktab2.php & …/verktab6.php (Auszüge)

a) Um wie viel Prozent änderte sich die Zahl der Verkehrstoten von Jahr zu Jahr?
b) Wie viel Prozent der Verkehrstoten waren 2004 Autofahrer*innen?
c) Um wie viel Prozent änderte sich der Kfz-Bestand von 2003 auf 2005 insgesamt?
d) Wie viele Fahrzeuge kamen 2004 auf einen Verkehrstoten?

62

In einer Realschule mit 453 Schülerinnen und Schülern sind 53,2 % männlich. Von den Mädchen sind 75,0 % evangelisch, davon besuchen 81,2 % den evangelischen Religionsunterricht. Von den Jungen besuchen 162 den evangelischen Religionsunterricht, dies sind 85,7 % der evangelischen Schüler.

a) Wie viele Jungen sind evangelisch?
b) Fertige ein Balken- oder Säulendiagramm für die drei Angaben:
   - Gesamtzahl der Schülerinnen und Schüler
   - Gesamtzahl der evangelischen Schülerinnen und Schüler
   - Gesamtzahl der evangelischen Schülerinnen und Schüler, die am evangelischen Religionsunterricht teilnehmen.

63 Im untenstehenden Diagramm ist die CO_2-Emission der Bundesrepublik dargestellt.

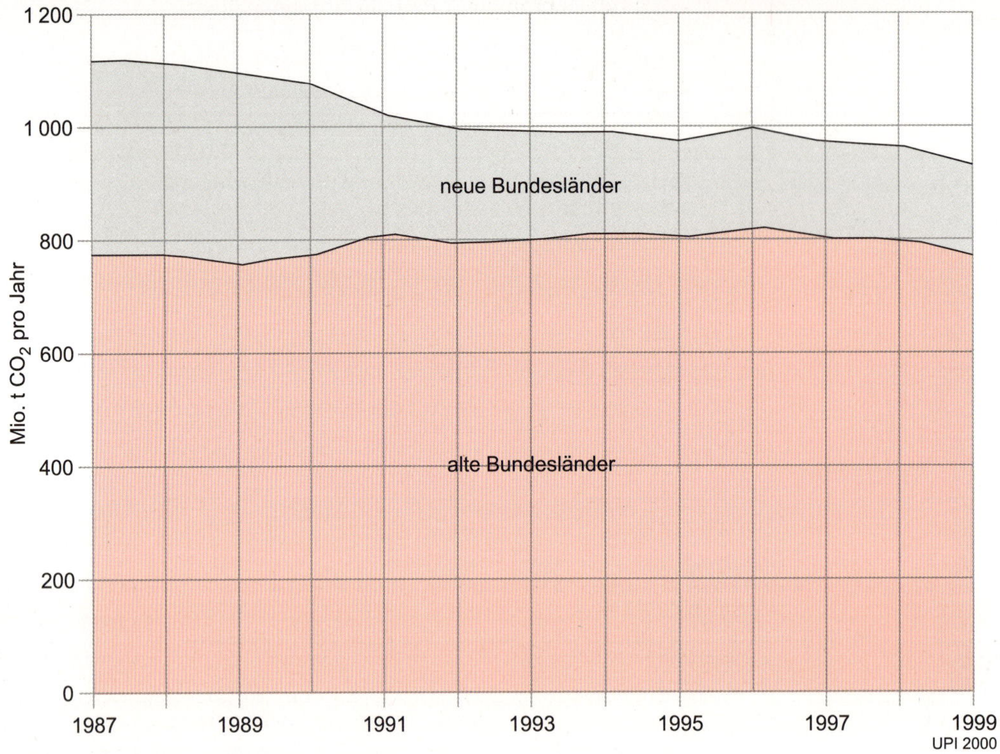

Quelle: http://www.upi-institut.de/upi33.htm

a) Wie viele Millionen Tonnen CO_2 wurden 1995 ausgestoßen?

b) Um wie viel Prozent sank die CO_2-Emission insgesamt von 1987 bis 1996?

c) Um wie viel Prozent sank die CO_2-Emission in den neuen Bundesländern von 1987 bis 1999?

64 Das Diagramm bzw. die Tabelle zeigt den durchschnittlichen monatlichen Temperaturverlauf in den Jahren 2005 und 2006.

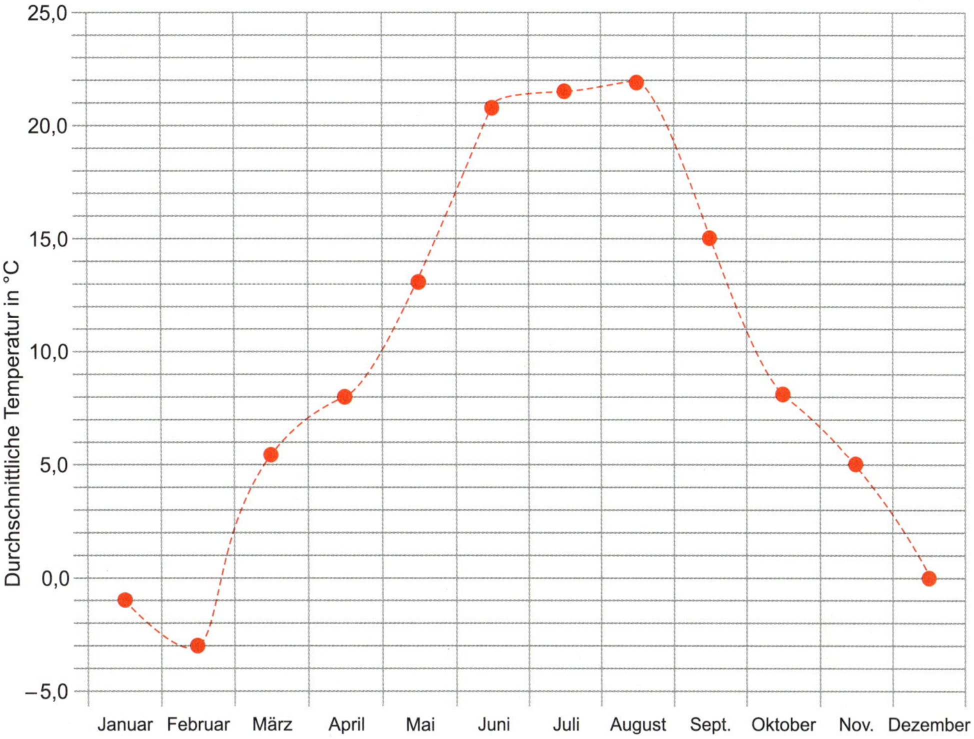

	Januar	Februar	März	April	Mai	Juni	Juli	August	Sept.	Oktober	Nov.	Dezember
■ 2005	–1,0	2,5	7,0	9,5	11,0	18,0	16,0	20,0	16,0	9,0	4,0	0,0
● 2006												

a) Lies die Werte des Jahres 2006 ab und ergänze die Tabelle.

b) Zeichne die Werte des Jahres 2005 in das Diagramm (orientiere dich dabei an der Darstellung des Jahres 2005).

5 Funktionen und Gleichungssysteme

5.1 Lineare und reinquadratische Funktionen

Merke

Lineare Funktionen haben die Funktionsgleichung:
$y = m \cdot x + c$
(m bestimmt die **Steigung** und c gibt den **Schnitt mit der y-Achse** an.)
Die Schaubilder der linearen Funktionen sind **Geraden durch den Punkt (0|c)**.

Beispiele

1. Zeichne die Geraden g_1: $y = 2x + 1$; g_2: $y = 0{,}5x - 2$; g_3: $y = -\frac{2}{3}x + 6$

Lösung:
Ausgehend vom Punkt (0|c) geht man 1 Einheit nach rechts und dann die Steigung nach oben bzw. bei negativer Steigung nach unten. Dieses Steigungsdreieck kann beliebig vergrößert werden, also 2, 3, 4, … Einheiten nach rechts und dann auch $2 \cdot m$, $3 \cdot m$, $4 \cdot m$, … nach oben bzw. nach unten.

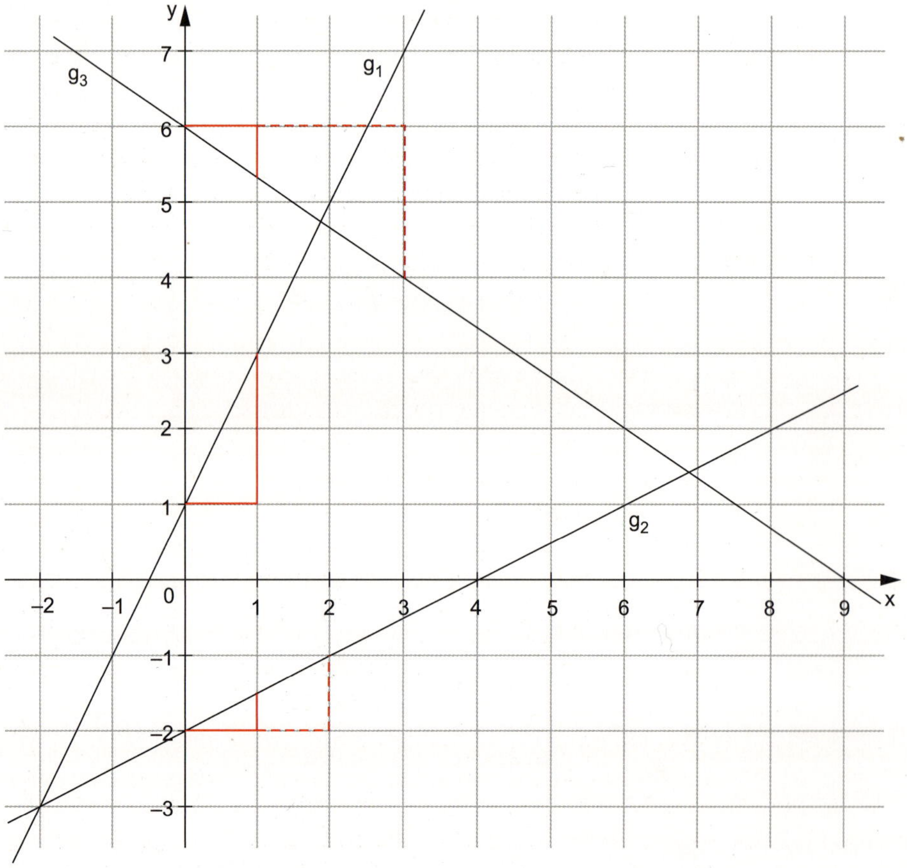

2. a) Eine lineare Funktion hat die Steigung 2 und geht durch den Punkt P(5 | 8). Gib die Gleichung an.
   b) Eine lineare Funktion geht durch (0 | –1) und durch den Punkt P(4 | 11). Gib die Gleichung an.

Lösung:

a) Bei der rechnerischen Lösung setzt man die Koordinaten des Punktes P in die Gleichung ein:

$y = \mathbf{2} \cdot x + c$

$8 = 2 \cdot 5 + c \quad | -10$

$c = -2$

Somit: g: $y = 2x - 2$

Da die Steigung „2" beträgt, wird für m gleich „2" eingesetzt.

b) Bei der rechnerischen Lösung setzt man die Koordinaten des Punktes P in die Gleichung ein:

$y = m \cdot x \mathbf{-1}$

$11 = m \cdot 4 - 1 \quad | +1$

$12 = 4m \quad | :4$

$m = 3$

Somit: g: $y = 3x - 1$

Da der y-Achsenabschnitt „–1" beträgt, wird für c gleich „–1" eingesetzt.

Merke

Reinquadratische Funktionen haben die Funktionsgleichung:
$y = a \cdot x^2 + c$
(a verändert die **Form** und c gibt den **Schnitt mit der y-Achse** an.)
Die Schaubilder der reinquadratischen Funktionen sind **Parabeln mit dem Scheitel (0 | c)**. Sie sind folglich symmetrisch zur y-Achse.

Beispiele

1. Zeichne die Parabeln p_1: $y = 2x^2 - 3$; p_2: $y = 0{,}5x^2 + 2$ und p_3: $y = -x^2 + 3$.

Lösung:
Um die Parabeln zeichnen zu können, muss eine Wertetabelle angelegt werden: (Dabei genügen wegen der Symmetrie die positiven Werte.)

x	0	0,5	1	1,5
$y = 2x^2 - 3$	–3	–2,5	–1	1,5
$y = 0{,}5x^2 + 2$	2	2,125	2,5	3,125
$y = -x^2 + 3$	3	2,75	2	0,75

x	2	2,5	3
$y = 2x^2 - 3$	5	9,5	15
$y = 0{,}5x^2 + 2$	4	5,125	6,5
$y = -x^2 + 3$	–1	–3,25	– 6

Bei p_3 kannst du statt einer Tabelle auch die Normalparabelschablone verwenden.

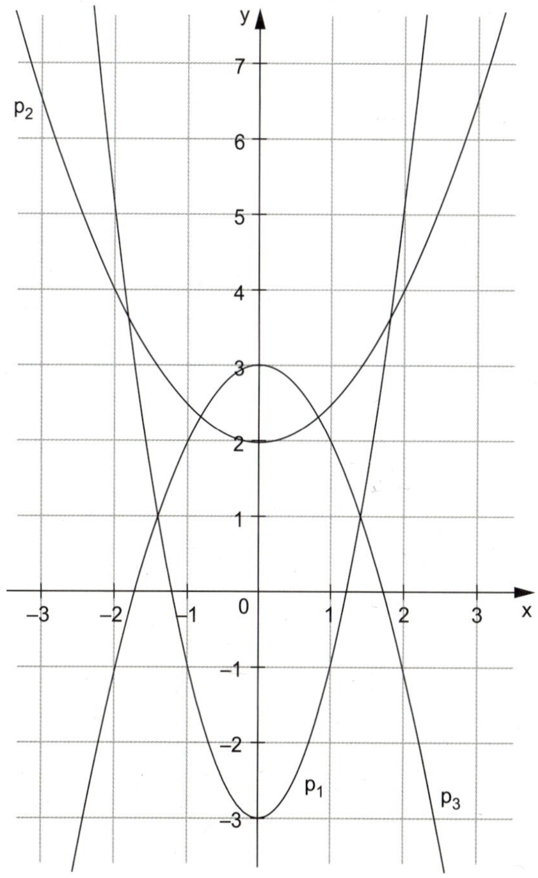

2. Eine reinquadratische Funktion geht durch die Punkte A(–2 | –1) und B(5 | 9,5). Gib die Gleichung an.

Lösung:
Bei der rechnerischen Lösung setzt man von beiden Punkten jeweils die Koordinaten in die allgemeine Gleichung $y = ax^2 + c$ ein. Dies führt zu folgendem Gleichungssystem:

$$-1 = 4a + c$$
$$9{,}5 = 25a + c \quad |\cdot(-1)$$

Hier empfiehlt sich das Additionsverfahren.

$$-1 = 4a + c$$
$$-9{,}5 = -25a - c$$

Addition: $-10{,}5 = -21a \quad |:(-21)$
$$a = 0{,}5$$

Setze A(–2 | –1) ein in $y = 0{,}5x^2 + c$:

$$-1 = 2 + c \quad |-2$$
$$c = -3$$

Somit: p: $y = 0{,}5x^2 - 3$

Merke

Die Schnittpunkte einer Funktion mit der x-Achse nennt man **Nullstellen**. Sie werden errechnet, indem man die Funktion mit der x-Achse (Gleichung der x-Achse: $y = 0$) schneidet und das Gleichungssystem löst.

Beispiele

1. Errechne die Nullstellen von: $y = 2{,}5x - 5$

Lösung:

$$y = 2{,}5x - 5$$
$$y = 0$$

gleichsetzen: $2{,}5x - 5 = 0$
$$2{,}5x = 5$$
$$x = 2 \Rightarrow N(2 | 0)$$

2. Errechne die Nullstellen von: $y = 2x^2 - 18$

Lösung:

$$y = 2x^2 - 18$$
$$y = 0$$

gleichsetzen: $2x^2 - 18 = 0$
$$2x^2 = 18$$
$$x^2 = 9$$
$$x_1 = -3 \text{ und } x_2 = 3 \Rightarrow N_1(-3 | 0) \text{ und } N_2(3 | 0)$$

Aufgaben

65 Gib die Gleichungen der Parabeln und Geraden an:

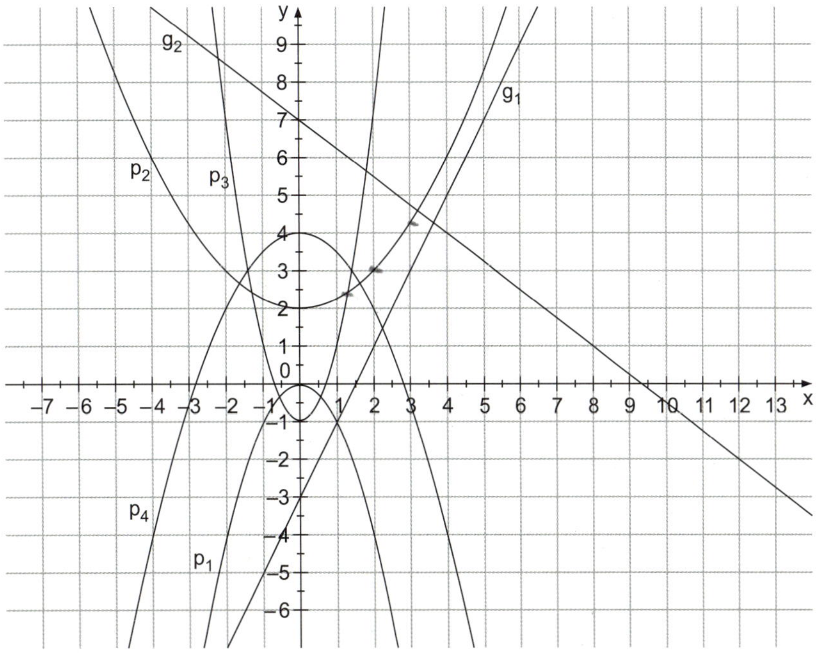

66 Karin behauptet, dass die Parabel $y = 0{,}4x^2 + 8{,}4$ durch den Punkt $P(12\,|\,69)$ verläuft. Silke meint, dass man dazu die Parabel verschieben müsste.

67 Eine Parabel p_1 hat die Gleichung $y = 0{,}5x^2 - 8$. Eine zweite Parabel p_2 mit der Gleichung $y = -0{,}25x^2 + c$ hat dieselben Nullstellen wie p_1.
Berechne den Umfang und den Flächeninhalt des Vierecks, das aus den beiden Scheiteln und den beiden Nullstellen gebildet wird.

68 Die Nullstellen einer zur y-Achse symmetrischen Parabel sind 6 (LE) voneinander entfernt. Der Flächeninhalt des Dreiecks, gebildet aus den beiden Nullstellen und dem Scheitel der Parabel, beträgt 9 (FE).
Ermittle die Gleichung der Parabel.

69 Die Gerade g_1: $y = -2x + 2{,}5$ schneidet die y-Achse im Punkt S. Eine zu g_1 senkrechte Gerade g_2 verläuft ebenfalls durch S und schneidet die x-Achse im Punkt N. Eine zur y-Achse symmetrische Parabel p hat ihren Scheitel im Punkt S und verläuft durch den Punkt N.
Gib die Gleichung dieser Parabel an.

5.2 Quadratische Funktionen

Merke

Quadratische Funktionen haben die Funktionsgleichung:
$y = a \cdot x^2 + b \cdot x + c$
Im Folgenden werden aber nur **Parabeln mit a = 1** betrachtet, also quadratische Funktionen der Form:
$y = x^2 + b \cdot x + c$
Die Schaubilder dieser quadratischen Funktionen sind (nach oben geöffnete) **Normalparabeln**, deren Scheitel nicht aus der Gleichung abgelesen werden können. Zum Zeichnen ist daher eine Tabelle notwendig oder die Umwandlung der Funktionsgleichung in die **Scheitelform**

$$y = \left(x + \frac{b}{2}\right)^2 + c - \left(\frac{b}{2}\right)^2 \quad \Rightarrow \quad S\left(-\frac{b}{2} \,\middle|\, c - \left(\frac{b}{2}\right)^2\right)$$

und die Verwendung einer **Normalparabelschablone**.

Beispiel

Verwandle $y = x^2 + 6x + 5$ und $y = x^2 - x - 1{,}25$ in die Scheitelform, lies den Scheitel ab und fertige eine Zeichnung an.

Lösung:

$y = x^2 + 6x + 5$ wird umgewandelt in: $\quad b = 6 \Rightarrow \frac{b}{2} = 3$

$y = (x+3)^2 + 5 - 3^2$ $\quad 3^2 = 9;\ 5 - 9 = -4$
$y = (x+3)^2 - 4$ somit: $S_1(-3 \mid -4)$

$y = x^2 - x - 1{,}25$ wird umgewandelt in: $\quad b = -1 \Rightarrow \frac{b}{2} = -0{,}5$

$y = (x-0{,}5)^2 - 1{,}25 - (-0{,}5)^2$ $\quad (-0{,}5)^2 = +0{,}25,\ -1{,}25 - 0{,}25 = -1{,}5$
$y = (x-0{,}5)^2 - 1{,}5$ somit: $S_2(0{,}5 \mid -1{,}5)$

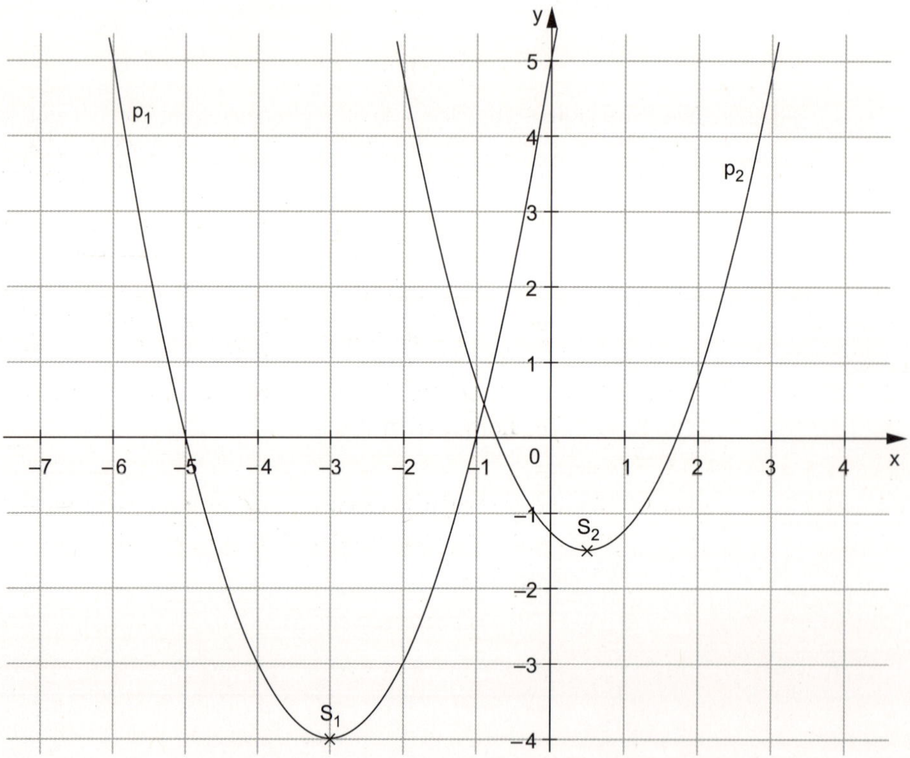

Merke

Bei **bekanntem Scheitel** kann man die Scheitelform aufstellen und dann die Funktionsgleichung in die **Normalform** überführen.

Beispiele

1. Eine Parabel hat ihren Scheitel in S(–2|–3).
   Gib die Funktionsgleichung in Normalform an.

   Lösung:
   Aufstellen der Scheitelform:
   $y=(x+2)^2-3$

   Beachte den Vorzeichenwechsel:
   $-2=-\frac{b}{2} \Rightarrow \frac{b}{2}=+2$

   und dann der Normalform:
   $y=x^2+4x+1$

   Auflösen der binom. Formel und zusammenfassen:
   $2^2-3=4-3=1$

2. Eine Parabel hat ihren Scheitel in S(0,5|–1,75).
   Gib die Funktionsgleichung in Normalform an.

   Lösung:
   Aufstellen der Scheitelform:
   $y=(x-0{,}5)^2-1{,}75$

   Beachte den Vorzeichenwechsel:
   $0{,}5=-\frac{b}{2} \Rightarrow \frac{b}{2}=-0{,}5$

   und dann der Normalform:
   $y=x^2-x-1{,}5$

   Auflösen der binom. Formel und zusammenfassen:
   $0{,}5^2-1{,}75=0{,}25-1{,}75=-1{,}5$

Merke

Zum **Errechnen der Nullstellen** schneidet man die Funktion mit der x-Achse (Gleichung der x-Achse: y = 0) und löst das Gleichungssystem. Dabei ergibt sich (im Normalfall) eine quadratische Gleichung.

Beispiele

1. Errechne die Nullstellen von $y=x^2-2x-3$.

   Lösung:

   $$y=x^2-2x-3$$
   $$y=0$$

   gleichsetzen: $x^2-2x-3=0$

   $$x_{1,2}=\frac{2\pm\sqrt{4+12}}{2}$$

   Auf den geordneten Term kann die Lösungsformel angewandt werden.

   $$x_{1,2}=\frac{2\pm 4}{2}$$

   Der Radikand wird zu 16 addiert, daraus die Wurzel 4 gezogen.

   $$x_1=-1;\ x_2=3$$

   Je nach Verwendung des + oder – Zeichens ergeben sich die beiden Nullstellen.

   $N_1(-1|0)$ und $N_2(3|0)$

2. Eine Normalparabel hat die Nullstellen $N_1(1|0)$ und $N_2(4|0)$.
   Gib die Gleichung an.

   Lösung:
   Bei der rechnerischen Lösung setzt man die Koordinaten von beiden Punkten jeweils in die allgemeine Gleichung $y=x^2+bx+c$ ein. Dies führt zu einem Gleichungssystem:

$$0 = 1 + b + c$$
$$0 = 16 + 4b + c \quad |\cdot(-1)$$ Hier empfiehlt sich das Additionsverfahren.

$$0 = 1 + b + c$$
$$0 = -16 - 4b - c$$

Addition: $0 = -15 - 3b$

$3b = -15$

$b = -5$

Setze $N_1(1\,|\,0)$ ein in $y = x^2 - 5x + c$:

$0 = 1 - 5 + c$

$c = 4$

Somit: p: $y = x^2 - 5x + 4$

Aufgaben

70 Eine Normalparabel hat den Scheitel $S(-1{,}5\,|\,-4)$.
Berechne die Schnittpunkte mit den beiden Koordinatenachsen.

71 Eine Parabel p_1 hat die Gleichung $y = x^2 - 8x + 9$. Diese Parabel wird um 3 Einheiten nach links und um 1,5 Einheiten nach oben verschoben.
Gib die Gleichung der verschobenen Parabel p_2 in Normalform an.

72 Der Scheitel S und die beiden Nullstellen der Parabel $y = x^2 - 7x + 6$ bilden ein Dreieck.
Berechne den Flächeninhalt.

73 Gib die Gleichungen der Parabeln in Normalform an:

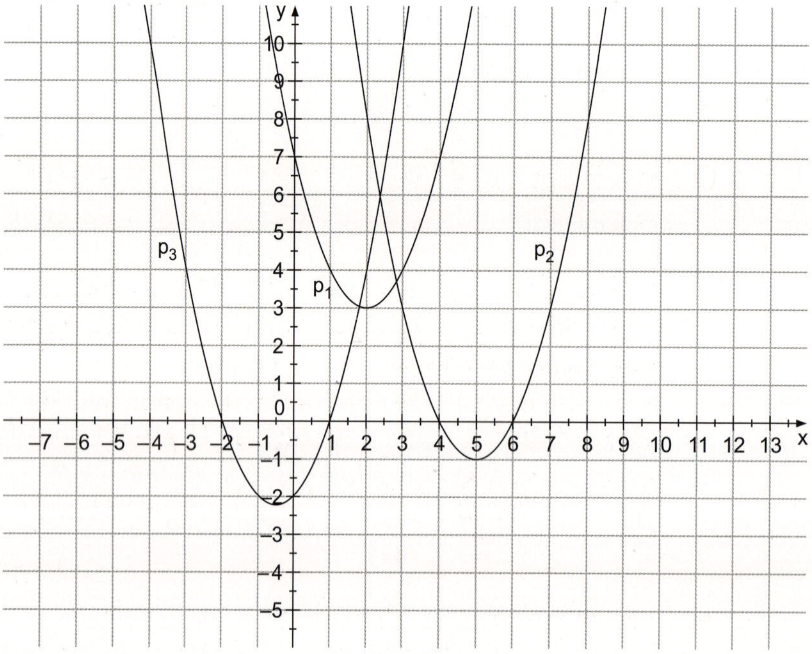

5.3 Schnittpunkte und Gleichungssysteme

Merke

Beim **Schnitt** von Funktionsgleichungen ergeben sich immer Gleichungssysteme, die durch ein geeignetes Verfahren (gleichsetzen, einsetzen oder addieren) gelöst werden. Dabei können sich lineare oder quadratische Gleichungen ergeben.
Da nur bei Nullstellen der y-Wert ($y=0$) bekannt ist, muss bei der Berechnung der Schnittpunkte noch zusätzlich der dazugehörige y-Wert ermittelt werden.

Beispiele

1. Ermittle die Schnittpunkte der Parabel p: $y=x^2-8x+13$ und der Geraden g: $y=2x-8$.

   Lösung:

   Berechnung der Schnittpunkte:

   $$y = x^2 - 8x + 13$$
   $$y = 2x - 8$$

   gleichsetzen: $x^2 - 8x + 13 = 2x - 8 \quad |-2x \quad |+8$

   $$x^2 - 10x + 21 = 0$$

   $$x_{1,2} = \frac{10 \pm \sqrt{100-84}}{2}$$

   Auf den geordneten Term kann die Lösungsformel angewandt werden.

   $$x_{1,2} = \frac{10 \pm 4}{2}$$

   Der Radikand wird zu 16 subtrahiert, daraus die Wurzel 4 gezogen.

   $x_1 = 3$
   dazu: $y_1 = 2 \cdot 3 - 8 = -2$;
   somit: $S_1(3|-2)$
   $x_2 = 7$
   dazu: $y_2 = 2 \cdot 7 - 8 = 6$;
   somit: $S_2(7|6)$

   Die Reihenfolge der Berechnung des ± Zeichens ist egal. Es ist allerdings zweckmäßig, sich für eine zu entscheiden (hier und im Folgenden immer erst –, dann +).

2. Gegeben sind die Parabeln:

   Lösung:

   p_1: $y=x^2+6x+10$ und p_2: $y=x^2-4x$
   Zeichne die Parabeln und bestimme den Umfang des Dreiecks, gebildet aus den beiden Scheiteln S_1 bzw. S_2 und dem Schnittpunkt S der beiden Parabeln.

   Berechnung der Scheitel:
   p_1: $y=x^2+6x+10 \Rightarrow y=(x+3)^2+1$ somit: $S_1(-3|1)$
   p_2: $y=x^2-4x \Rightarrow y=(x-2)^2-4$ somit: $S_2(2|-4)$

   Berechnung des Schnittpunktes:

   $$y = x^2 + 6x + 10$$
   $$y = x^2 - 4x$$

   gleichsetzen: $x^2 + 6x + 10 = x^2 - 4x \quad |-x^2 \quad |+4x$

   $10x + 10 = 0 \quad |-10$ Lineare Gleichung.

   $10x = -10$

   $x=-1$ dazu: $y=(-1)^2-4\cdot(-1)=5$ somit $S(-1|5)$

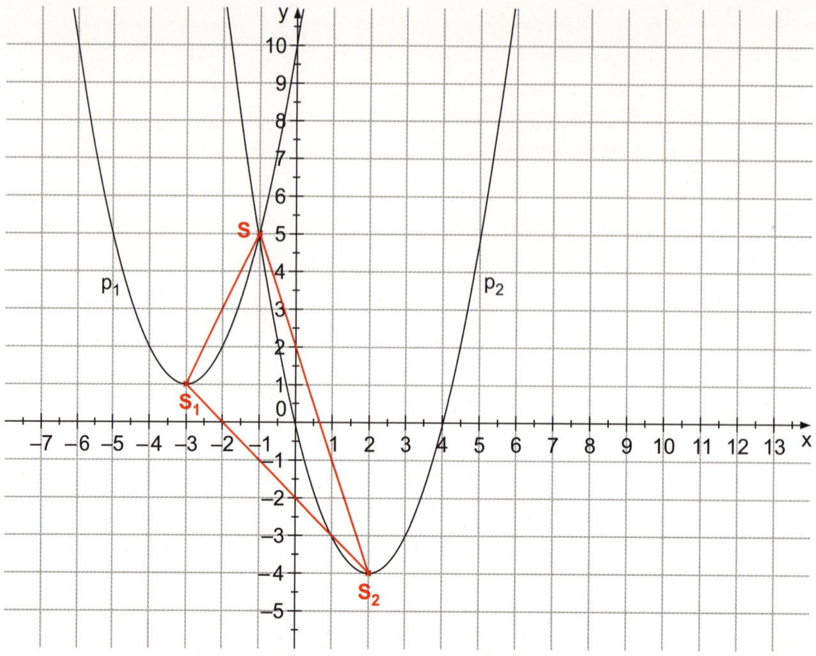

Berechnung der Abstände:

$\overline{S_1S_2}^2 = 5^2 + 5^2 \Rightarrow \overline{S_1S_2} \approx 7{,}07$ (LE)

$\overline{SS_1}^2 = 2^2 + 4^2 \Rightarrow \overline{SS_1} \approx 4{,}47$ (LE)

$\overline{SS_2}^2 = 3^2 + 9^2 \Rightarrow \overline{SS_2} \approx 9{,}49$ (LE)

Differenz der Koordinaten, sowohl in x-Richtung, als auch in y-Richtung, jeweils eingesetzt in den Satz des Pythagoras.

Berechnung des Umfangs:

$u = 7{,}07 + 4{,}47 + 9{,}49 \approx 21{,}3$ (LE)

Merke

Bei **quadratischen Gleichungen** gibt es **meist 2 Lösungen**, d. h. **2 Schnittpunkte**. Diese können aber zusammenfallen, dann spricht man von **„berühren“**. Rechnerisch muss sich dabei in der Lösungsformel unter der Wurzel (in der Diskriminante) der Wert Null ergeben.

Beispiel

Zeige, dass sich die Parabel p: $y = x^2 - 4x + 5$ und die Gerade g: $y = -2x + 4$ berühren und gib die Koordinaten des Berührpunktes an.

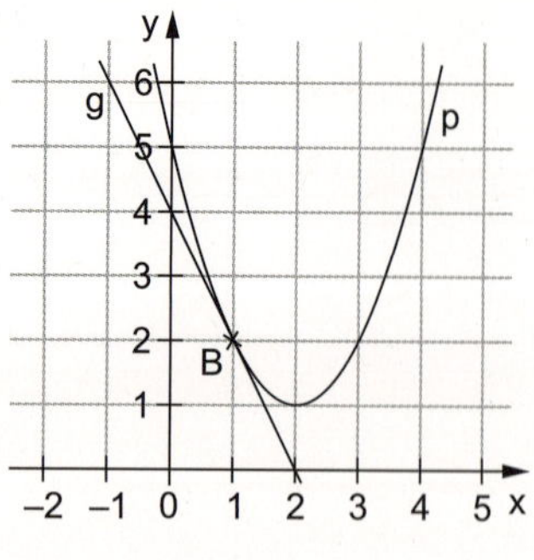

Lösung:

Berechnung der Schnittpunkte/des Berührpunktes:

$$y = x^2 - 4x + 5$$
$$y = -2x + 4$$

gleichsetzen: $x^2 - 4x + 5 = -2x + 4 \quad |+2x \quad |-4$

$$x^2 - 2x + 1 = 0$$

$$x_{1,2} = \frac{2 \pm \sqrt{4-4}}{2}$$

Unter der Wurzel ergibt sich: $4 - 4 = 0$

$x_1 = x_2 = 1$ dazu:

$y_1 = y_2 = -2 \cdot 1 + 4 = 2$

Die beiden Lösungen und damit die beiden Punkte fallen zusammen.

Aufgaben

74 Eine Normalparabel verläuft durch die Punkte A(–5 | –4) und B(0,5 | 9,75). Eine Gerade hat die Steigung $m = -4$ und geht durch den Punkt C(–1,5 | 2).
Berechne die Schnittpunkte von Parabel und Gerade.

75 Eine Parabel hat die Gleichung: $y = x^2 + 4x + 6$ und eine Gerade die Gleichung: $y = -2x + c$.
Bestimme c so, dass die Gerade und die Parabel genau einen Berührpunkt haben und gib seine Koordinaten an.

76 Eine Parabel hat die Gleichung: $y = (x - 2)^2 + z$ und eine Gerade die Gleichung: $y = 2x + 1$.
Bestimme z so, dass die Gerade und die Parabel genau einen Berührpunkt haben und gib seine Koordinaten an.

77 Um wie viele Einheiten muss man die Gerade $y = 2x - 3$ in y-Richtung verschieben, damit sie die Parabel $y = x^2 - 4x + 7$ berührt?

In einem Gleichungssystem stehen mehrere Variablen über eine entsprechende Anzahl von Gleichungen zueinander in Beziehung.

Merke

> Für die Lösung eines Gleichungssystems mit **2 Variablen** benötigt man **2 Gleichungen** mit diesen Variablen.
> Es gibt drei verschiedene Lösungsverfahren für Gleichungssysteme mit mehreren Variablen: Das **Einsetzungsverfahren**, das **Gleichsetzungsverfahren** und das **Additionsverfahren**.

Beispiele

$$7x + 3y = 6{,}3$$
$$y = 1{,}1 - x$$

1. **Lösung durch das Einsetzungsverfahren**
   Eine Gleichung muss so umgeformt werden, dass eine **Variable isoliert** steht – wie in der zweiten Gleichung des obigen Beispiels. Diese Gleichung **setzt** man dann in die andere Gleichung **ein**.

   $$7x + 3(1{,}1 - x) = 6{,}3$$

   Für y schreibt man (1,1 – x). Terme immer einklammern.

   $$7x + 3{,}3 - 3x = 6{,}3 \quad | -3{,}3$$
   $$4x = 3 \quad | :4$$
   $$x = 0{,}75$$

   Dieser Wert wird nun für x in die zweite Gleichung eingesetzt.

   Für y gilt:
   $$y - 1{,}1 - 0{,}75$$
   $$y = 0{,}35$$

2. **Lösung durch das Gleichsetzungsverfahren**
Beide Gleichungen werden nach derselben Variablen aufgelöst.

$$7x + 3y = 6{,}3 \qquad | -7x$$

Die erste Gleichung wird nach y aufgelöst.

$$3y = 6{,}3 - 7x \qquad | :3$$

$$y = 2{,}1 - \frac{7}{3}x$$

Jetzt können die beiden Gleichungen gleichgesetzt werden:

$$2{,}1 - \frac{7}{3}x = 1{,}1 - x \qquad | +x \quad | -2{,}1$$

$$-\frac{4}{3}x = -1 \qquad | \cdot \left(-\frac{3}{4}\right)$$

$$x = \frac{3}{4}$$

Dieser Wert wird nun in die erste oder zweite Gleichung eingesetzt.

Für y ergibt sich:

$$y = 2{,}1 - \frac{7}{3} \cdot \frac{3}{4} = 2{,}1 - 1{,}75$$

$$y = 0{,}35$$

3. **Lösung durch das Additionsverfahren**
Beide Gleichungen werden zunächst in dieselbe Reihenfolge gebracht.

$$7x + 3y = 6{,}3 \qquad | -7x$$

$$y = 1{,}1 - x$$

Die erste Gleichung wird in die Reihenfolge der zweiten gebracht.

$$3y = 6{,}3 - 7x$$

$$y = 1{,}1 - x \qquad | \cdot (-3)$$

Jetzt wird eine Gleichung (oder gegebenenfalls beide) so multipliziert, dass bei einer Variablen der beiden Gleichungen dieselben Faktoren (mit verschiedenen Vorzeichen) auftreten. Dies ergibt:

$$\begin{array}{rcrcr} 3y & = & 6{,}3 & - & 7x \\ -3y & = & -3{,}3 & + & 3x \\ \hline 0 & = & 3 & - & 4x \end{array} \qquad | +4x \quad | :4$$

$$x = \frac{3}{4}$$

Die erste Gleichung wurde so belassen, die zweite mit –3 multipliziert. Die Gleichungen werden dann addiert.

Für y ergibt sich der Wert durch Einsetzen von x in die zweite Gleichung:

$$y = 1{,}1 - \frac{3}{4}$$

$$y = 0{,}35$$

Ergebnis:
Mit $x = 0{,}75$ und $y = 0{,}35$ lässt sich das Gleichungssystem lösen.
Welches Verfahren das günstigste ist, hängt von der jeweiligen Aufgabe ab.
Der Vorteil des Addierens besteht darin, dass man Brüche vermeiden kann.

Merke

Bei reinen Übungsaufgaben zu Gleichungssystemen beschränken wir uns auf lineare Gleichungssysteme. Hierbei kann auch zuerst der y-Wert und dann der x-Wert ausgerechnet werden.

Beispiel

Löse das lineare Gleichungssystem:

$$\begin{array}{l} 7y + 3x = 6{,}3 \quad |\cdot 5 \\ 5x + 5y = 5{,}5 \quad |\cdot(-3) \end{array}$$

Multiplizieren, damit vorteilhaft addiert werden kann.

$$\begin{array}{l} 35y + 15x = 31{,}5 \\ -15y - 15x = -16{,}5 \end{array}$$

Umstellen der Vielfachen von x und y.

$$20y = 15$$

$$y = 0{,}75 \quad \text{dazu: } 5x + 5\cdot 0{,}75 = 5{,}5$$

$$5x + 3{,}75 = 5{,}5$$

$$5x = 1{,}75$$

$$x = 0{,}35$$

Aufgaben

78 Löse das lineare Gleichungssystem:

$$3x + 2y - 1 = 0$$

$$\frac{6}{5}x + \frac{1}{3}y = \frac{13}{15}$$

79 Löse das lineare Gleichungssystem:

$$y = 2x + 240$$

$$4y = 5x + 3\,000$$

80 Löse das lineare Gleichungssystem:

$$4y = x + 8$$

$$y = -0{,}75x + 6$$

81 Löse das lineare Gleichungssystem:

$$y = \frac{5}{3}x + \frac{7}{3}$$

$$y = \frac{2}{7}x - \frac{3}{7}$$

5.4 Eigenschaften der Sinusfunktion

Für die Realschulabschlussprüfung ist die periodische **Sinusfunktion** mit der Funktionsgleichung $f(\alpha)=\sin(\alpha)$ [für $0° \leq \alpha \leq 360°$] von Bedeutung.

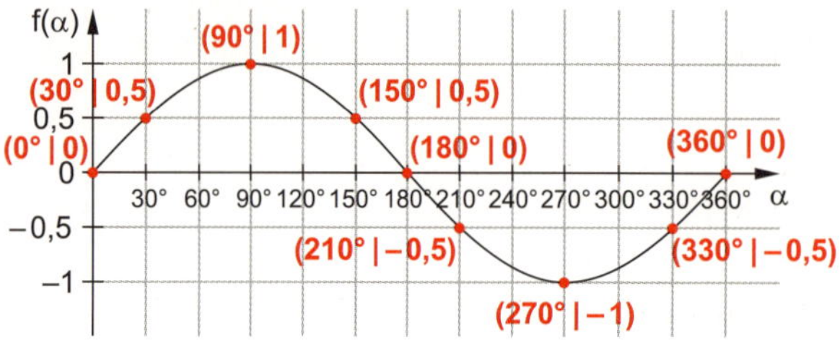

Merke

Für die Sinusfunktion $f(\alpha)=\sin(\alpha)$ [für $0° \leq \alpha \leq 360°$] gilt:

- Der **maximale Funktionswert** ist **1** und es gilt $\sin(90°)=1$.
- Der **minimale Funktionswert** ist **–1** und es gilt $\sin(270°)=-1$.
- Die Funktion hat im Bereich $0° \leq \alpha \leq 360°$ **drei Nullstellen**: **0°**, **180°**, **360°**.
- Der Funktionsgraph besitzt folgende **Achsensymmetrien**:
  - Im Bereich $0° \leq \alpha \leq 180°$ symmetrisch zur Vertikalen durch 90°.
  - Im Bereich $180° \leq \alpha \leq 360°$ symmetrisch zur Vertikalen durch 270°.
- Der Funktionsgraph ist **punktsymmetrisch** im Punkt (180° | 0).
- Aus den Symmetrien ergeben sich folgende Beziehungen:
  $\sin(180°-\alpha)=\sin(\alpha)$ für $0° \leq \alpha \leq 90°$
  $\sin(180°+\alpha)=\sin(360°-\alpha)$ für $0° \leq \alpha \leq 90°$
  $\sin(180°+\alpha)=-\sin(\alpha)$ für $0° \leq \alpha \leq 180°$
  $\sin(360°-\alpha)=-\sin(\alpha)$ für $0° \leq \alpha \leq 360°$
- Winkel mit besonderen Sinuswerten:
  $\sin(0°)=\sin(360°)=0$ $\sin(30°)=0{,}5$
  $\sin(90°)=1$ $\sin(150°)=0{,}5$
  $\sin(180°)=0$ $\sin(210°)=-0{,}5$
  $\sin(270°)=-1$ $\sin(330°)=-0{,}5$

Beispiele

1. Welche beiden hier angegebenen Sinuswerte sind gleich?
   - $\sin(35°)$
   - $\sin(135°)$
   - $\sin(145°)$
   - $\sin(350°)$

   Lösung:

   Begründung anhand des Funktionsgraphen:

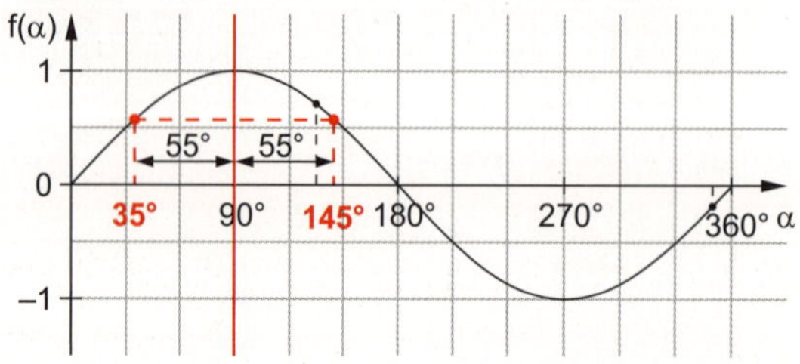

   Da $\sin(350°)$ als einziger Wert negativ ist, fällt er aus der Betrachtung.

   Die Funktion $f(\alpha)=\sin(\alpha)$ ist im Bereich von 0° bis 180° achsensymmetrisch zur Vertikalen durch 90°. Das bedeutet, dass Winkel, die gleich weit von 90° entfernt liegen, den gleichen Sinuswert haben. Wegen $90°-35°=55°$ und $145°-90°=55°$

liegen die Winkel 35° und 145° gleich weit entfernt und es gilt $\sin(35°)=\sin(145°)$, während der Winkel 135° einen abweichenden Sinuswert haben muss.

Rechnerische Begründung:
Da für $0° \leq \alpha \leq 90°$ die Beziehung $\sin(180°-\alpha)=\sin(\alpha)$ gilt, folgt für $\alpha=35°$: $\sin(180°-35°)=\sin(35°)$ und somit $\sin(145°)=\sin(35°)$.

2. Berechne einen Winkel β für den $\sin(15°)=\sin(\beta)$ gilt.

Lösung:
Aufgrund der Symmetrie der Funktion $f(\alpha)=\sin(\alpha)$ im Bereich von 0° bis 180° gilt:
$\sin(180°-\alpha)=\sin(\alpha)$ für $0° \leq \alpha \leq 90°$.

Für $\alpha=15°$ erhält man damit:
$\beta=180°-15°$
$\beta=165°$
$\Rightarrow \quad \sin(15°)=\sin(165°)$

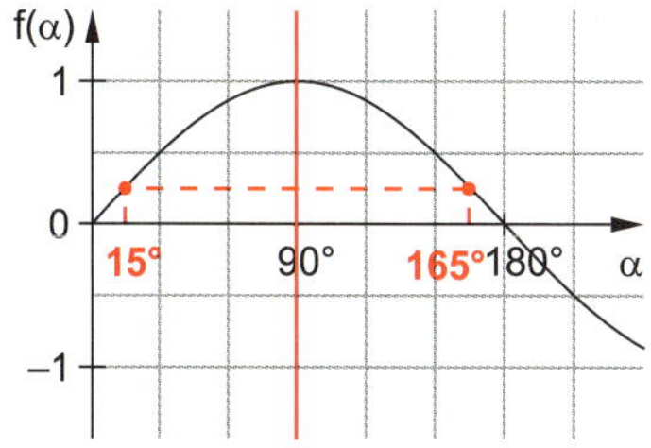

3. Bestimme zwei Winkel α und β, sodass folgende Gleichung gilt: $\sin(\alpha)=-\sin(\beta)$

Lösung:
Gesucht sind zwei Winkel, deren Sinuswerte sich nur im Vorzeichen unterscheiden, die also den gleichen Betrag haben. Für jeden positiven Sinuswert $\sin(\alpha)$ finden sich betragsgleiche negative Sinuswerte, wenn man unter der Rechtsachse im Abstand von $\sin(\alpha)$ eine Horizontale einzeichnet. Diese schneidet den Graphen im Bereich von 180° bis 360° immer bei $\beta=180°+\alpha$ und $\beta=360°-\alpha$.

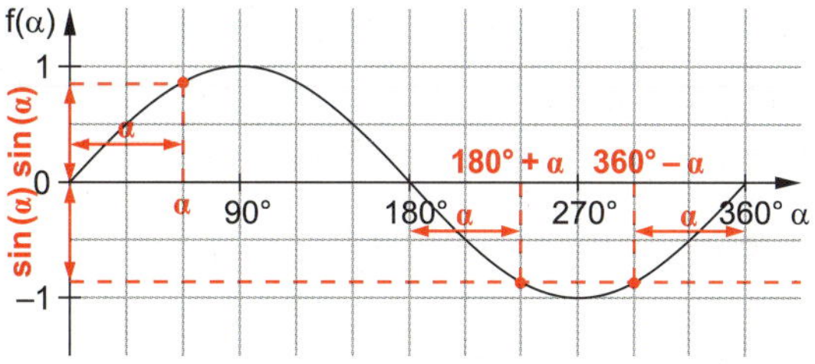

Es gibt also viele Möglichkeiten für α und β, sodass gilt: $\sin(\alpha)=-\sin(\beta)$.
Eine Möglichkeit ist z. B. $\alpha=60°$; $\beta=180°+60°=240°$.
Möglich wäre aber auch $\alpha=60°$; $\beta=360°-60°=300°$ usw.

Hinweis: Für den Fall $\alpha=90°$ erfüllt nur der Winkel $\beta=270°$ die Gleichung $\sin(\alpha)=-\sin(\beta)$. Sonst finden sich für β immer zwei Möglichkeiten, insbesondere auch für $\alpha=0°$ mit $\beta=180°$ oder $\beta=360°$.

Aufgaben

82 Skizziere die Funktion $f(\alpha)=\sin(\alpha)$ im Bereich $0° \leq \alpha \leq 360°$.

83 Welche beiden hier angegebenen Sinuswerte sind gleich? Begründe deine Antwort.
- $\sin(338°)$
- $\sin(292°)$
- $\sin(248°)$
- $\sin(148°)$

84 Gib alle Winkel im Bereich 0° bis 360° an, für die die Gleichung gilt.
a) $\sin(\alpha)=0$
b) $\sin(\alpha)=1$
c) $\sin(\alpha)=-1$

6 Daten und Zufall

6.1 Statistik

Daten werden zunächst erfasst, d. h. gesammelt und geordnet dargestellt. Dann können sie noch ausgewertet werden – dies nennt man **Statistik**. Die 15 wichtigsten Begriffe der Statistik werden im Folgenden eingeführt und anhand des untenstehenden Beispiels eingeübt.

Beispiel

Die Körpergröße von Schülern wird erfasst.
Man erhält folgendes Ergebnis (alle Angaben in cm):

157 153 169 152 159 161 162 168 164 166 157 182 176 178 181 171

Merke

1. Die **Anzahl aller erfassten Daten** wird mit n bezeichnet.
2. Eine **Rangliste** ist eine aufsteigend sortierte Liste mit Rangplätzen. Wert auf Rang i: x_i

Rang	1	2	3	4	5	…	n
Wert	x_1	x_2	x_3	x_4	x_5	…	x_n

3. Die **absolute Häufigkeit** gibt an, wie oft ein bestimmter Datenwert vorkommt.
4. Die **relative Häufigkeit** ist der Quotient aus absoluter Häufigkeit und Anzahl (wird in Prozent angegeben).

Beispiele

1. Anzahl aller erfassten Daten: n = 16
2. Rangliste:

Rang	1	2	3	4	5	6	7	8	9	10	11	12	13	14	15	16
Wert	152	153	157	157	159	161	162	164	166	168	169	171	176	178	181	182

3. absolute Häufigkeit:
   Dazu muss eine Bedingung vorliegen, z. B.: Körpergröße kleiner als 160 cm.
   absolut: 5 152 153 157 157 159
4. relative Häufigkeit:
   Dazu muss eine Bedingung vorliegen, z. B.: Körpergröße kleiner als 160 cm.
   relativ: $(5:16) \cdot 100\,\% = 31{,}25\,\%$

Merke

5. Der **Mittelwert** ist der Quotient aus der Summe aller Daten und der Anzahl (auch **arithmetisches Mittel** oder **Durchschnitt** genannt).
6. Die **Abweichung** ist der Betrag der Differenz eines Datenwertes zum Mittelwert (somit immer positiv).
7. Die **mittlere Abweichung** ist der Quotient aus der Summe aller Abweichungen und der Anzahl.

Beispiele

5. Mittelwert: $(152 + 153 + \ldots + 182) : 16 = 2\,656 : 16 = 166$ cm
6. Abweichungen (jeweils in cm):
   14 13 9 9 7 5 4 2 0 2 3 5 10 12 15 16
7. mittlere Abweichung: $(14 + 13 + \ldots + 16) : 16 = 126 : 16 = 7{,}875$ cm

Merke

8. Der **Modalwert** ist der am häufigsten vorkommende Wert in einer Datenmenge.
9. Der **Zentralwert** (oder **Median**) ist ein Wert in der Mitte einer Rangliste.

Bestimmung von z: $\begin{cases} \text{falls } n \cdot 0{,}5 \notin \mathbb{Z} \rightarrow \text{Wert auf nächsthöherem Rangplatz} \\ \text{falls } n \cdot 0{,}5 \in \mathbb{Z} \rightarrow \text{Mittelwert von } x_{n \cdot 0{,}5} \text{ und } x_{n \cdot 0{,}5+1} \end{cases}$

10. Das **Minimum** ist der kleinste Wert einer Datenmenge.
11. Das **Maximum** ist der größte Wert einer Datenmenge.
12. Die **Spannweite** ist die Differenz aus Maximum und Minimum.

Beispiele

8. Modalwert: 157 cm
9. Zentralwert: z = 165 cm

Rang	1	2	3	4	5	6	7	8	9	10	11	12	13	14	15	16
Wert	152	153	157	157	159	161	162	**164**	**166**	168	169	171	176	178	181	182

165

bzw. errechneter Wert: $16 \cdot 0{,}5 = 8 \in \mathbb{Z} \Rightarrow z = \frac{x_8 + x_9}{2} = \frac{164+166}{2} = 165$ cm

10. Minimum: $x_{min} = 152$ cm
11. Maximum: $x_{max} = 182$ cm
12. Spannweite: $182 - 152 = 30$ cm

Merke

13. Die **Quartile** teilen eine Rangliste in vier Abschnitte auf. In jedem Abschnitt befinden sich mindestens 25 % aller Werte der Rangliste.
Die Quartile liegen mittig zwischen den benachbarten Kennwerten dieses Schemas:

x_{min}	q_u	z	q_o	x_{max}
Minimum	**unteres Quartil**	Zentralwert (mittleres Quartil)	**oberes Quartil**	Maximum

Bestimmung von q_u: $\begin{cases} \text{falls } n \cdot 0{,}25 \notin \mathbb{Z} \rightarrow \text{Wert auf nächsthöherem Rangplatz} \\ \text{falls } n \cdot 0{,}25 \in \mathbb{Z} \rightarrow \text{Mittelwert von } x_{n \cdot 0{,}25} \text{ und } x_{n \cdot 0{,}25+1} \end{cases}$

Bestimmung von q_o: $\begin{cases} \text{falls } n \cdot 0{,}75 \notin \mathbb{Z} \rightarrow \text{Wert auf nächsthöherem Rangplatz} \\ \text{falls } n \cdot 0{,}75 \in \mathbb{Z} \rightarrow \text{Mittelwert von } x_{n \cdot 0{,}75} \text{ und } x_{n \cdot 0{,}75+1} \end{cases}$

14. Der **Quartilabstand** ist die Differenz aus oberem und unterem Quartil.
15. Ein **Boxplot** ist ein Schaubild zur Datenverteilung. Enthalten sind: Minimum, unteres Quartil, Zentralwert, oberes Quartil und Maximum.

Beispiele

13. unteres Quartil: 158 cm; oberes Quartil: 173,5 cm

Rang	1	2	3	4	5	6	7	8	9	10	11	12	13	14	15	16
Wert	152	153	157	**157**	**159**	161	162	164	166	168	169	**171**	**176**	178	181	182

158 **173,5**

bzw. errechnete Werte:

unteres Quartil: $16 \cdot 0{,}25 = 4 \in \mathbb{Z} \Rightarrow q_u = \frac{x_4 + x_5}{2} = \frac{157+159}{2} = 158$ cm

oberes Quartil: $16 \cdot 0{,}75 = 12 \in \mathbb{Z} \Rightarrow q_o = \frac{x_{12} + x_{13}}{2} = \frac{171+176}{2} = 173{,}5$ cm

14. Quartilabstand: $173{,}5 - 158 = 15{,}5$ cm
15. Boxplot:

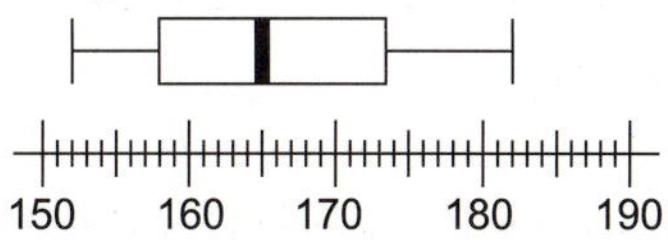

Hinweis: Viele Werte können auch mithilfe von Excel (und den entsprechenden Befehlen) ermittelt werden. Jedoch erfolgt die Berechnung der Quartile in Excel mit einer anderen (für unsere Zwecke zu komplizierten) Formel, weshalb die Ergebnisse abweichen können.

Aufgaben

85 Beim Ballwurf erzielen 10 Schülerinnen folgende Weiten (alle Angaben in m):

18,4 19,3 22,7 16,2 19,7 25,8 24,3 18,9 19,9 21,8

a) Berechne den Mittelwert und den Zentralwert.
b) Zeichne den dazugehörigen Boxplot.
c) Eine weitere Schülerin kommt hinzu, dadurch verringert sich der Mittelwert um 30 cm. Welche Weite hat diese Schülerin erzielt?

86 Eine Kamera wird in verschiedenen Geschäften zu unterschiedlichen Preisen angeboten:

159,00 € 149,00 € 154,99 € 169,00 € 164,91 €

Um wie viel Prozent liegt das teuerste Angebot über dem Durchschnittspreis?

87 Bei den 25 Schülerinnen und Schülern einer Klasse kommt es zu folgenden Zeugnisnoten:

Note	1	2	3	4	5	6
Anzahl	2	6	7	6	3	1

a) Bestimme die absolute Häufigkeit für die Bedingung: „Besser als fünf".
b) Bestimme die relativen Häufigkeiten für die einzelnen Noten und zeichne hierzu ein Kreisdiagramm.
c) Berechne den Mittelwert und die mittlere Abweichung.

88 Eine Maschine füllt Getränke in Flaschen ab. Der Boxplot zeigt die Ergebnisse der erfassten Stichproben (alle Angaben in $m\ell$):

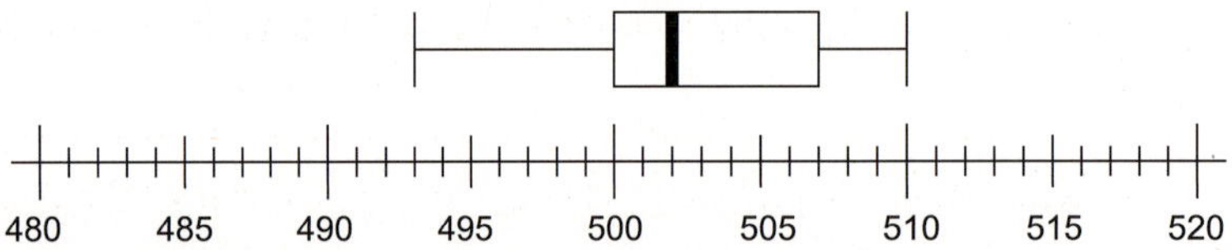

Kreuze an, ob die Aussagen für die Stichprobe richtig oder falsch sind – begründe deine Entscheidung:

	richtig	falsch
a) 75 % der Flaschen enthalten mindestens einen halben Liter.	☐	☐
b) Die durchschnittliche Füllmenge beträgt mit Sicherheit 502 $m\ell$.	☐	☐
c) Der Füllmengenunterschied ist höchstens 7 $m\ell$.	☐	☐
d) Keine Flasche enthält mehr als 510 $m\ell$.	☐	☐
e) Bei 50 % der Flaschen ist der Füllmengenunterschied höchstens 7 $m\ell$.	☐	☐
f) Bei 25 % der Flaschen ist der Füllmengenunterschied höchstens 2 $m\ell$.	☐	☐

89 In einem Test erzielten 15 Schüler*innen folgende Punktzahlen:

46 22 18 35 24 23 20 22 15 16 22 14 20 29 34

a) Um wie viele Punkte unterscheiden sich Mittelwert und Zentralwert?
b) Zeichne den dazugehörigen Boxplot.
c) Die Höchstpunktzahl in diesem Test betrug 50 Punkte.
Welche Note wurde (bei einer linearen Skala) mit der höchsten erreichten Punktzahl erzielt? Begründe.

6.2 Wahrscheinlichkeitsrechnung

In der Wahrscheinlichkeitsrechnung ist man bestrebt, die Wahrscheinlichkeit, mit der ein bestimmtes zufälliges Ereignis eintritt, zahlenmäßig, d. h. mathematisch, zu ermitteln. Hierzu dienen Zufallsexperimente, auch mehrstufige hintereinander, deren Ergebnisse man auf die Wirklichkeit überträgt.

Merke

Wahrscheinlichkeit bei Zufallsexperimenten

Für die Berechnung der Wahrscheinlichkeit eines Ereignisses benötigt man:

- Die **Anzahl aller möglichen Ergebnisse** des Experiments (wird auch mit **n** bezeichnet).
- Die **Anzahl aller günstigen Ergebnisse für das Ereignis**, die angibt, wie oft das betreffende Ereignis eintreten kann (wird auch mit **m** bezeichnet).

Die **Wahrscheinlichkeit eines Ereignisses** ist dann die relative Häufigkeit, also der Quotient aus der Anzahl der günstigen Ergebnisse und der Anzahl der möglichen Ergebnisse:

$$\text{Wahrscheinlichkeit eines Ereignisses} = \frac{\text{Anzahl aller günstigen Ergebnisse}}{\text{Anzahl aller möglichen Ergebnisse}}$$

oder kurz: $P(E) = \frac{m}{n}$ (P wegen englisch Probability = Wahrscheinlichkeit)

Dabei wird vorausgesetzt, dass alle Ergebnisse des Zufallsexperiments gleichwahrscheinlich sind.

(Die Wahrscheinlichkeit kann als Bruch, Dezimalzahl oder in Prozent angegeben werden.)

Beispiele

1. Eine Münze hat (meist) Zahl oder Wappen, daher ist die Anzahl der möglichen Ergebnisse $n=2$.
   Wird das Ereignis „Wappen" gewünscht, so gibt es dafür nur eine Möglichkeit, d. h. die Anzahl der günstigen Ergebnisse ist $m=1$.
   Die Wahrscheinlichkeit für dieses Ereignis ist somit: $P(E) = \frac{m}{n} = \frac{1}{2} = 0{,}5 = 50\ \%$
2. Ein Würfel hat (meist) 6 Zahlen, daher ist die Anzahl der möglichen Ergebnisse $n=6$.
   - Wird das Ereignis „gewürfelte Augenzahl 5" gewünscht, so gibt es dafür nur eine Möglichkeit, d. h. die Anzahl der günstigen Ergebnisse ist $m=1$.
     Die Wahrscheinlichkeit für dieses Ereignis ist somit $\frac{1}{6} \approx 16{,}7\ \%$.
   - Wird das Ereignis „gewürfelte Augenzahl gerade" gewünscht, so gibt es dafür drei Möglichkeiten (2, 4, 6), d. h. die Anzahl der günstigen Ergebnisse ist $m=3$.
     Die Wahrscheinlichkeit für dieses Ereignis ist somit $\frac{3}{6} = \frac{1}{2} = 0{,}5 = 50\ \%$.

Aufgaben

90 In einer Urne sind 8 Kugeln (1 rote, 3 grüne und 4 gelbe).
Wie hoch ist die Wahrscheinlichkeit, eine grüne Kugel zu ziehen?

91 Auf einer Loswand sind die Zahlen 1 bis 100 unregelmäßig verteilt und folgende Zahlen schon gezogen:

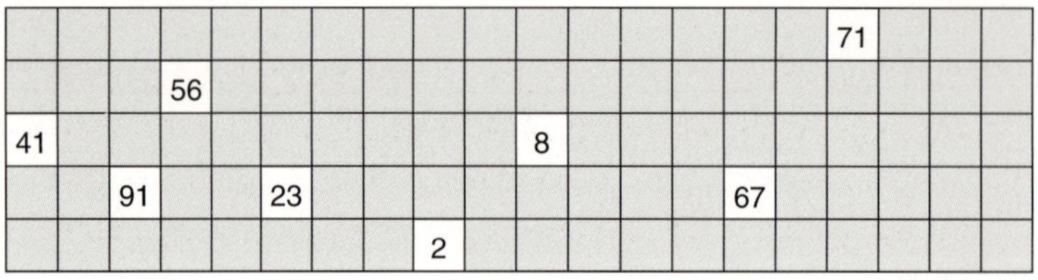

Wie groß ist die Wahrscheinlichkeit, als nächste Zahl eine gerade Zahl zu ziehen?

92 Ein „Glücksrad“ hat folgende Einteilung und wird einmal gedreht:

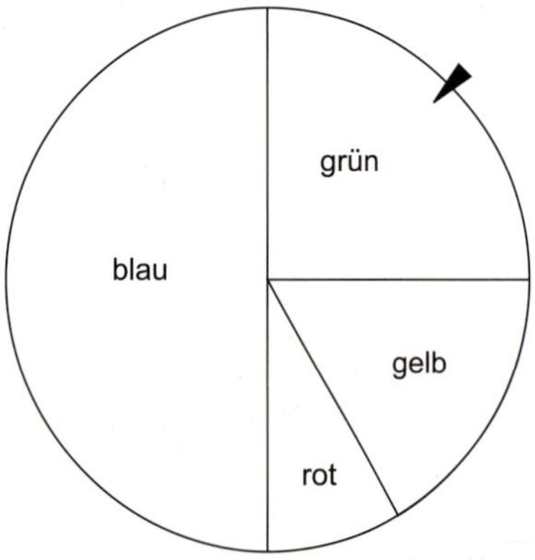

Die Mittelpunktswinkel betragen 180°, 90°, 60° und 30°.

a) Wie hoch ist die Wahrscheinlichkeit, dass das Rad auf „gelb“ stehen bleibt?
b) Ist die Wahrscheinlichkeit für „rot oder blau“ größer als 60 %?

Merke

> Bei vielen Zufallsexperimenten sind die Wahrscheinlichkeiten für die Ereignisse **berechenbar**. Daher ist zu erwarten, dass ein Ereignis bei der Durchführung des Experimentes auch mit einer relativen Häufigkeit auftritt, die in etwa der errechneten Wahrscheinlichkeit des Ereignisses entspricht.
> Dieser Wert stabilisiert sich allerdings erst bei einer **genügend großen Anzahl** von Versuchen. Eine Vorhersage über einen einzelnen Versuch ist niemals möglich!

Beispiel

Ein Glücksrad hat drei gleich große Sektoren mit den Farben schwarz, rot und blau und wird zuerst fünfmal, dann fünfzig- und dann zweihundertmal gedreht.

Berechnung der Wahrscheinlichkeit:
Die Sektoren sind gleich groß, somit ist $n = 3$, daher erwartet man für jede der drei Farben eine Wahrscheinlichkeit von $\frac{1}{3} \approx 33{,}3\,\%$.

Durchführung des Versuchs:

Drehungen	**absolute Häufigkeit**			**relative Häufigkeit in %**		
	schwarz	rot	blau	schwarz	rot	blau
5	2	2	1	40,0	40,0	20,0
50	14	19	17	28,0	38,0	34,0
200	68	65	67	34,0	32,5	33,5

Man erkennt, dass sich die 3 relativen Häufigkeiten immer mehr dem theoretischen Wert der Wahrscheinlichkeit angleichen.

Merke

Bei berechenbaren Zufallsexperimenten ist es günstig ein **Baumdiagramm** zu zeichnen, dies ist insbesondere dann vorteilhaft, wenn Experimente mehrfach (hintereinander) durchgeführt werden.
Für **jeden** Pfad ermittelt man dann die **Wahrscheinlichkeit** durch das **Produkt der einzelnen Wahrscheinlichkeiten** entlang des Pfades (**Produktregel**).
Führen mehrere Pfade zu demselben Ereignis, so errechnet man die **Gesamtwahrscheinlichkeit** durch die **Summe der einzelnen Wahrscheinlichkeiten** (**Summenregel**).
Beträgt für ein Ereignis die Wahrscheinlichkeit P %, so beträgt die Wahrscheinlichkeit, dass dieses Ereignis nicht eintritt und stattdessen das so genannte **Gegenereignis** eintritt 100 % – P %.

Beispiele

1. Ein Glücksrad mit 3 gleich großen Flächen (grau, schwarz und rot) wird zweimal hintereinander gedreht.
   Wie groß ist die Wahrscheinlichkeit für die Ereignisse:
   a) zweimal roter Sektor
   b) genau einmal grauer Sektor

   Lösung:
   Es gibt 3 mögliche Ergebnisse, daher ist $n = 3$.
   Da jedes gleich wahrscheinlich ist, beträgt die Wahrscheinlichkeit jedes Mal $\frac{1}{3}$.

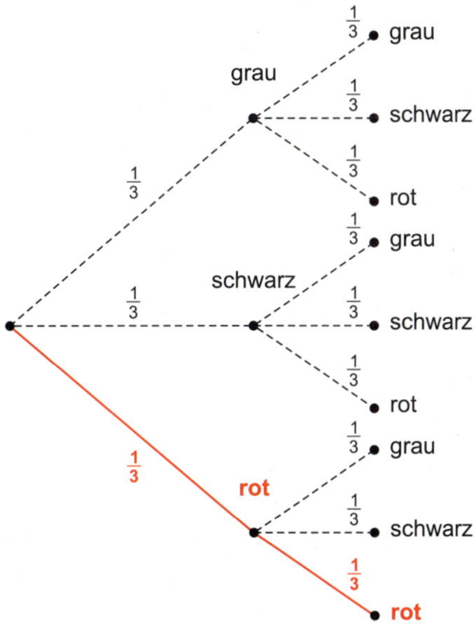

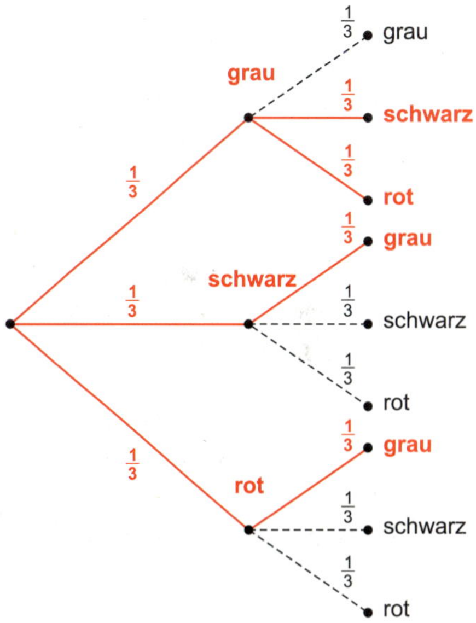

   a) Zum Ereignis „zweimal roter Sektor“ führt ein Pfad. Die Wahrscheinlichkeit beträgt $\frac{1}{3} \cdot \frac{1}{3} = \frac{1}{9} \approx 11{,}1\,\%$.
   b) Zum Ereignis „genau einmal grauer Sektor“ führen vier Pfade – die Wahrscheinlichkeit beträgt für jeden Pfad $\frac{1}{3} \cdot \frac{1}{3} = \frac{1}{9}$, also für alle 4 Pfade:
   $$4 \cdot \frac{1}{9} = \frac{4}{9} \approx 44{,}4\,\%$$

2. In einer Urne befinden sich 8 Kugeln (1 rote, 3 grüne und 4 blaue).
   a) Es wird zweimal hintereinander gezogen, dabei wird vor dem zweiten Ziehen die erste Kugel zurückgelegt.
   b) Es wird zweimal hintereinander gezogen, dabei wird die erste Kugel nicht zurückgelegt.

Wie groß ist die Wahrscheinlichkeit für die Ereignisse:

- zweimal rote Kugel
- eine blaue und eine grüne Kugel

Lösung:

a) Es gibt jedes Mal 8 mögliche Ergebnisse, daher n = 8.
Die einzelnen Wahrscheinlichkeiten betragen bei einer roten Kugel $\frac{1}{8}$, bei 3 grünen Kugeln $\frac{3}{8}$ und bei 4 blauen Kugeln $\frac{4}{8} = \frac{1}{2}$.

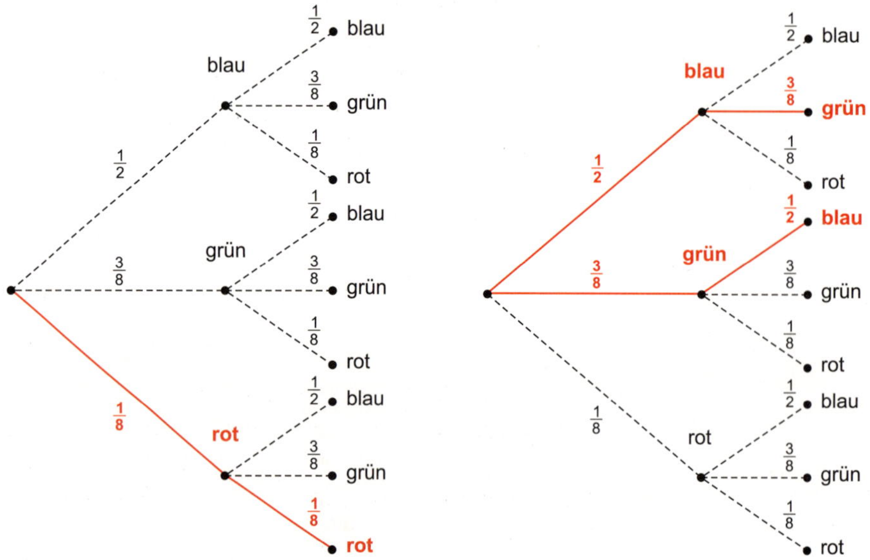

Zum Ereignis „zweimal rote Kugel" führt genau ein Pfad. Die Wahrscheinlichkeit beträgt $\frac{1}{8} \cdot \frac{1}{8} = \frac{1}{64} \approx 1{,}6\ \%$.
Zum Ereignis „eine blaue und eine grüne Kugel" führen zwei Pfade. Die Wahrscheinlichkeit beträgt jedes Mal $\frac{1}{2} \cdot \frac{3}{8} = \frac{3}{16}$, also insgesamt $\frac{6}{16} = \frac{3}{8} = 37{,}5\ \%$.

b) Es gibt beim ersten Ziehen 8 mögliche Ergebnisse, daher n = 8. Beim zweiten Ziehen gibt es nur noch 7 mögliche Ergebnisse, daher n = 7. Außerdem ändern sich die Wahrscheinlichkeitsanteile je nach Farbe der ersten Kugel.

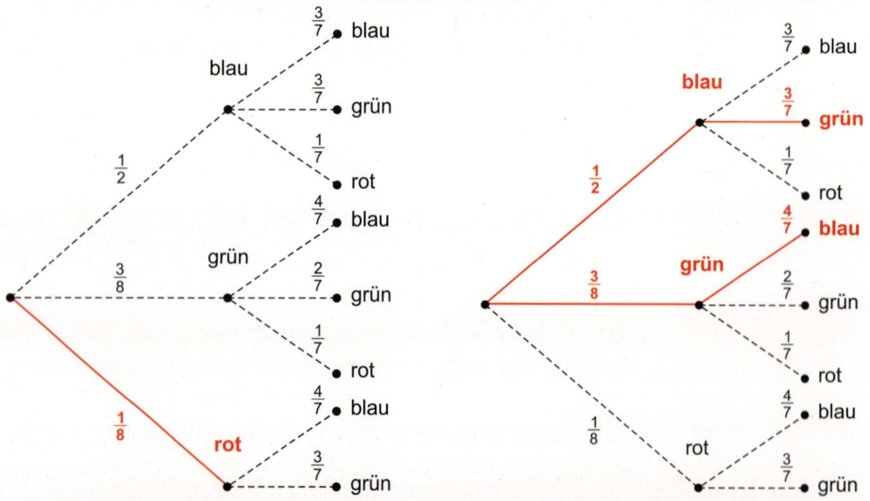

Zum Ereignis „zweimal rote Kugel" führt kein Pfad. Die Wahrscheinlichkeit beträgt 0 %. Zum Ereignis „eine blaue und eine grüne Kugel" führen zwei Pfade. Die Wahrscheinlichkeit beträgt $\frac{1}{2} \cdot \frac{3}{7} = \frac{3}{14}$ und $\frac{3}{8} \cdot \frac{4}{7} = \frac{3}{14}$, also insgesamt $\frac{6}{14} = \frac{3}{7} \approx 42{,}9\ \%$.

Aufgaben

93 In einer Urne befinden sich 3 schwarze, 2 rote und eine blaue Kugel.
Es wird zweimal ohne Zurücklegen gezogen.
Wie groß ist die Wahrscheinlichkeit für die Ereignisse:

a) Zuerst blaue, dann rote Kugel.
b) Zwei schwarze Kugeln.
c) Zwei gleichfarbige Kugeln.
d) Zuerst eine rote Kugel.

94 Zwei Würfel W_1 und W_2 sind so beschriftet, wie es die gezeichneten Netze zeigen:

W_1

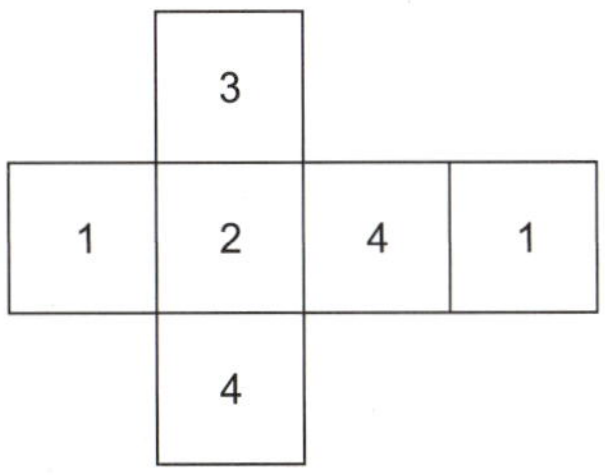

W_2

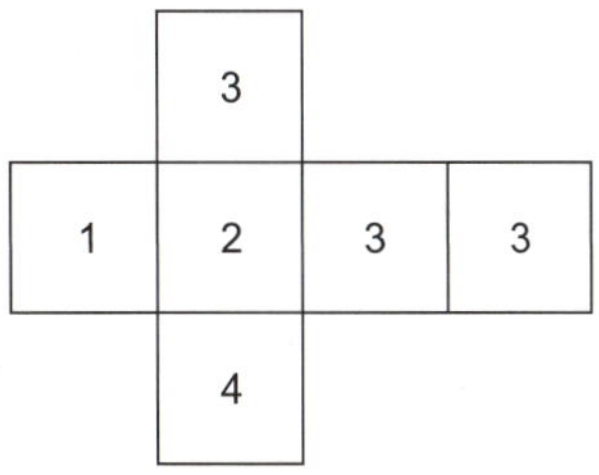

Wie groß ist die Wahrscheinlichkeit für die Ereignisse:

a) Beim zweimaligen Würfeln mit W_1 erhält man jeweils die Augenzahl „1“.
b) Beim zweimaligen Würfeln mit W_2 erhält man niemals die Augenzahl „3“.
c) Beim zweimaligen Würfeln mit W_2 erhält man beim zweiten Wurf eine doppelt so hohe Augenzahl.

95 Ein Glücksrad mit 12 gleich großen Sektoren ist mit den Zahlen 1 bis 6 beschriftet:

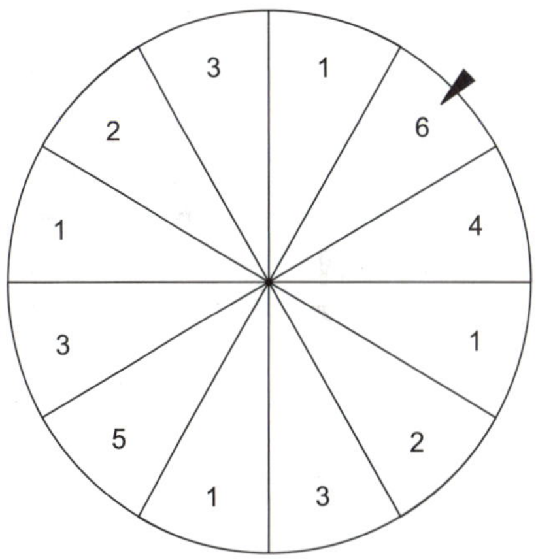

a) Das Rad wird einmal gedreht:
Wie groß ist die Wahrscheinlichkeit für die Ereignisse:
- das Ergebnis ist eine Primzahl.
- das Ergebnis ist durch 2 und durch 3 teilbar.

b) Das Rad wird zweimal gedreht:
Wie groß ist die Wahrscheinlichkeit für die Ereignisse:
- beide Zahlen sind gleich.
- das Produkt ist kleiner als 30.

96 Eine Tombola hat 250 Lose, davon gewinnt ein Los den Hauptpreis (H), 40 Lose gewinnen einen Kleinpreis (K) und der Rest sind Nieten (N). Die Lose werden gut gemischt. Nun zieht Anja nacheinander 2 Lose und öffnet beide.
Wir groß ist die Wahrscheinlichkeit, dass Anja zumindest einen Kleinpreis, aber nicht den Hauptpreis gewinnt?

97 Eine Urne enthält zunächst eine schwarze und zwei weiße Kugeln. Es wird eine Kugel gezogen und ihre Farbe notiert. Darauf werden die gezogene Kugel und 2 weitere Kugeln derselben Farbe wieder in die Urne gelegt und ein zweites Mal gezogen.
Wie groß ist die Wahrscheinlichkeit für die Ereignisse:
- zuerst schwarze, dann weiße Kugel.
- zuerst weiße, dann schwarze Kugel.

Merke

Bei Zufallsexperimenten mit **nicht berechenbaren Wahrscheinlichkeiten** können durch eine genügend hohe Anzahl von Versuchen Näherungswerte für die Wahrscheinlichkeiten der Ereignisse ermittelt werden und auch Rückschlüsse auf Anordnungen gezogen werden.

Beispiel

Anstelle eines (regulären) Würfels wird ein mit den Zahlen 1 bis 6 beschriftetes Prisma verwendet:
Da dieser „Würfel" nicht regelmäßig ist, können die Wahrscheinlichkeiten nicht berechnet werden. Darüber hinaus ist die Anordnung der Zahlen 4 bis 6 nicht bekannt.

Versuch:
Nach 500 Würfen ergibt sich folgende Tabelle:

1	2	3	4	5	6
73	48	129	123	49	78

Ergebnisse:
Folgende Näherungswerte für die Wahrscheinlichkeiten ergeben sich:

1	2	3	4	5	6
14,6 %	9,6 %	25,8 %	24,6 %	9,8 %	15,6 %

Anhand der Tabelle lässt sich vermuten, dass die „4" auf der Unterseite, die „5" auf der linken Seitenfläche und die „6" auf der Rückseite angeordnet ist, da dies die entsprechenden Flächen zu der „1", der „2" und der „3" sind.
Würden entsprechende Flächen gleich einfärbt, so wären die Näherungswerte für:
Grau (1 und 6): ca. 30 %
Rot (2 und 5): ca. 20 %
Weiß (3 und 4): ca. 50 %

Hinweis: Bei scheinbar berechenbaren, da gleichmäßig verteilten Wahrscheinlichkeiten kann auf diese Weise (experimentell) überprüft werden, ob eine Unregelmäßigkeit vorliegt („gezinkte" Spielgeräte).

Aufgabe 98

Ein Glücksrad hat 3 verschieden große Sektoren.

a) Die Mittelpunktswinkel der Sektoren betragen 190°, 115° und 55°.
Berechne die Wahrscheinlichkeiten für die Sektoren.

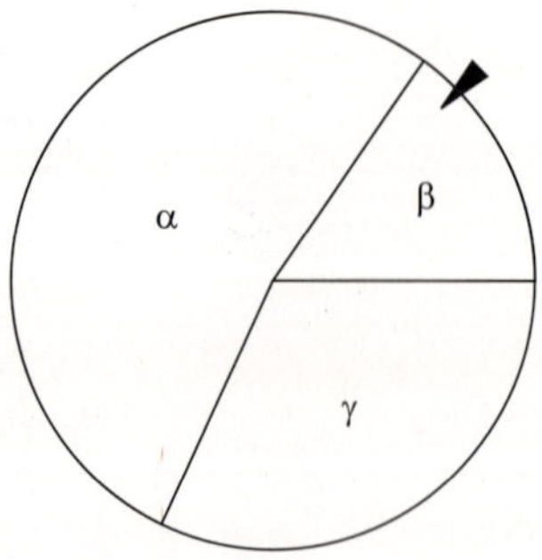

b) Bei einem anderen Glücksrad mit 3 Sektoren ergibt sich nach 250 Drehungen folgende Tabelle:

Sektor 1	Sektor 2	Sektor 3
114	81	55

Leite zuerst Näherungswerte für die Wahrscheinlichkeiten ab und ermittle daraus die Größe der Mittelpunktswinkel.

Merke

Den Ergebnissen eines Zufallsexperiments können Zahlenwerte oder Größen zugeordnet werden. **Addiert** man für **alle Ergebnisse die Produkte aus ihren jeweiligen Wahrscheinlichkeiten und den jeweils zugeordneten Zahlenwerten bzw. Größen**, so erhält man den **Erwartungswert** des Zufallsexperiments.

Beispiel

Auf dem Jahrmarkt kann man aus einer Schale mit 100 Kugeln ziehen. Darunter befinden sich 20 Gewinnkugeln, die innen rot sind. Jeder Zug kostet 1 €, jede Gewinnkugel bringt 2 €. Nach jeder Ziehung wird die gezogene Kugel wieder zurückgelegt und alle Kugeln werden durchgemischt. Simon zieht zwei Kugeln. Sein Vater zahlt die erste Ziehung für ihn, die zweite zahlt er selbst.
Berechne für jede Ziehung jeweils Simons Erwartungswert.

Lösung:
Unabhängig von Einsatz und Gewinn werden zunächst die Wahrscheinlichkeiten für die beiden möglichen Ergebnisse „Gewinn" und „kein Gewinn" berechnet. Da die Anzahl der Kugeln und der Anteil der Gewinnkugeln bei beiden Ziehungen identisch ist, ergeben sich für die beiden Ziehungen auch die gleichen Wahrscheinlichkeiten:

$$P(\text{Gewinn}) = \frac{20}{100}$$

$$P(\text{kein Gewinn}) = \frac{80}{100}$$

Jetzt werden den Wahrscheinlichkeiten die entsprechenden Größen zugeordnet:
Bei der 1. Ziehung gewinnt Simon bei „Gewinn" 2 €, bei „kein Gewinn" 0 €.
Also beträgt sein Erwartungswert:

$$\frac{20}{100} \cdot 2 + \frac{80}{100} \cdot 0 = 0{,}40 + 0{,}00 = 0{,}40\ €$$

Bei der 2. Ziehung kostet Simon das Ziehen 1 €. Entsprechend erhält er bei „Gewinn" real nur 1 €, bei „kein Gewinn" verliert er sogar 1 €, d. h. er „erhält" –1 €.
Also beträgt sein Erwartungswert:

$$\frac{20}{100} \cdot 1 + \frac{80}{100} \cdot (-1) = 0{,}20 - 0{,}80 = -0{,}60\ €$$

Merke

Ergebnisse eines Zufallsexperiments, denen die **gleichen Zahlenwerte oder Größen** zugeordnet sind, fasst man bei der Berechnung des Erwartungswerts zu einem Ereignis zusammen und bildet das Produkt aus der **Wahrscheinlichkeit des Ereignisses** und dem zugeordneten Zahlenwert bzw. der zugeordneten Größe.

Beispiel

Zum Schulfest überlegt sich eine Klasse folgendes Gewinnspiel:
2 weiße und 3 schwarze Kugeln werden in eine Lostrommel (Urne) gelegt.
Es müssen gleichzeitig zwei Kugeln gezogen werden. Wer zwei weiße Kugeln zieht, erhält einen Gewinn. Der Spieleinsatz beträgt 1 €, der Gewinn 10 €.
Berechne den Erwartungswert für den Spieler/die Spielerin.

Lösung:
Es müssen hier nicht die einzelnen Wahrscheinlichkeiten aller Ergebnisse berechnet werden, da die Ergebnisse (w; s), (s; w), (s; s) den Verlustfall „kein Gewinn" darstellen und ihnen der gleiche Wert zuzuordnen ist. Für die Berechnung des Erwartungswerts sind somit statt 4 nur die 2 Wahrscheinlichkeiten für den Gewinn- und den Verlustfall zu berechnen.

Dies geschieht am besten mithilfe eines Baumdiagramms. Aus Sicht der Spieler*innen ergeben sich folgende Wahrscheinlichkeiten:

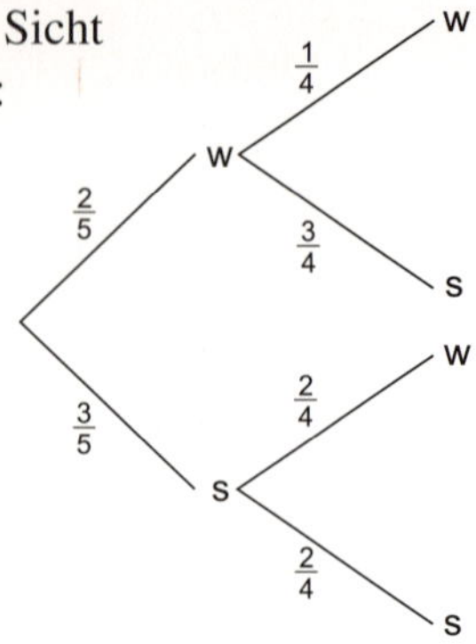

$P(\text{Gewinn}) = P(w;\, w) = \frac{2}{5} \cdot \frac{1}{4} = \frac{1}{10}$

$P(\text{kein Gewinn}) = 1 - P(\text{Gewinn}) = 1 - \frac{1}{10} = \frac{9}{10}$

Bei der Zuordnung der Größen zu den Wahrscheinlichkeiten ist der Einsatz zu berücksichtigen. Entsprechend gehört zu „Gewinn" der Wert 9 €, zu „kein Gewinn" der Wert –1 €.

Berechnung des Erwartungswerts:

$\frac{1}{10} \cdot 9 + \frac{9}{10} \cdot (-1) = 0\ €$

Merke

Der **Erwartungswert** kann als ein in die Zukunft gerichteter Mittelwert aufgefasst werden, der angibt welcher Wert sich bei sehr vielen Durchführungen eines Zufallsexperiments im Mittel einstellen wird. Er gibt somit auch Auskunft über die **Gewinnchancen** (bzw. Verlustchancen) bei Gewinn-/Glücksspielen:

- Erwartungswert kleiner 0: Auf lange Sicht ist hier mit einem Verlust zu rechnen.
- Erwartungswert gleich 0: Auf lange Sicht sind hier Verlust und Gewinn ausgeglichen.
- Erwartungswert größer 0: Auf lange Sicht ist hier mit einem Gewinn zu rechnen.

Die Höhe des Erwartungswerts entspricht auf lange Sicht auch immer dem zu erwartenden Verlust bzw. Gewinn.

Beispiel

Beim Gewinnspiel „Fünf gewinnt fünf" wird ein Glücksrad (mit gleichgroßen Sektoren) zweimal gedreht. Die erdrehten Zahlen werden addiert und bei der Zahlensumme 5 gibt es 5 € Gewinn.

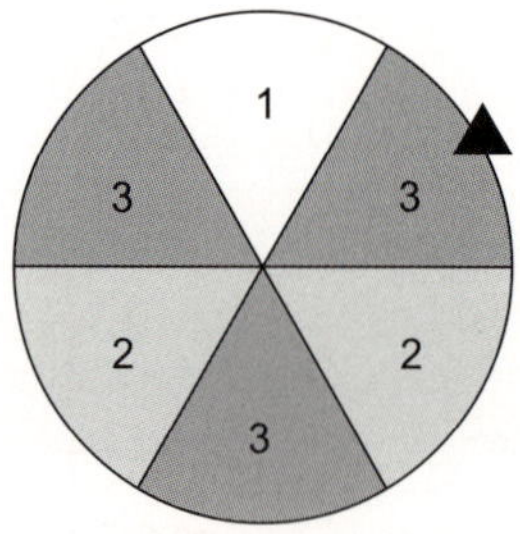

a) Berechne den zu erwartenden durchschnittlichen Verlust/Gewinn auf lange Sicht (Erwartungswert) bei einem Einsatz von 1 € und bei einem Einsatz von 2 €.

b) Bei welchem Einsatz ist der Erwartungswert gleich 0, das Spiel also gerecht?

Lösung:

Unabhängig von Einsatz und Gewinn werden zunächst die Wahrscheinlichkeiten für die Ereignisse „Gewinn" und „kein Gewinn" errechnet. Aus Sicht der Spieler ergeben sich folgende Wahrscheinlichkeiten:

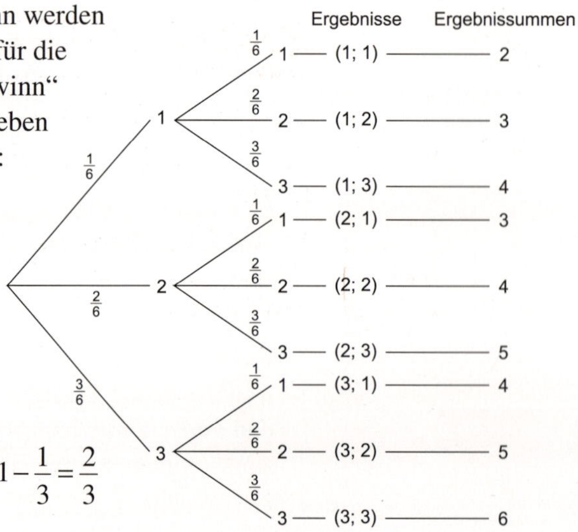

$P(\text{Gewinn}) = P(2;\, 3) + P(3;\, 2)$

$= \frac{2}{6} \cdot \frac{3}{6} + \frac{3}{6} \cdot \frac{2}{6}$

$= \frac{12}{36}$

$= \frac{1}{3}$

$P(\text{kein Gewinn}) = 1 - P(\text{Gewinn}) = 1 - \frac{1}{3} = \frac{2}{3}$

a) Bei der Zuordnung der Größen zu den Wahrscheinlichkeiten ist der Einsatz zu berücksichtigen. Entsprechend gehört bei einem Einsatz von 1 € zu „Gewinn“ der Wert 4 €, zu „kein Gewinn“ der Wert –1 €. Bei einem Einsatz von 2 € gehört zu „Gewinn“ der Wert 3 €, zu „kein Gewinn“ der Wert –2 €.

Erwartungswert bei einem Einsatz von1 €:

$$\frac{1}{3}\cdot 4+\frac{2}{3}\cdot(-1)=\frac{4}{3}-\frac{2}{3}=\frac{2}{3}\approx 0{,}67\text{ €}\ (>0\text{ €})$$

Erwartungswert bei einem Einsatz von2 €:

$$\frac{1}{3}\cdot 3+\frac{2}{3}\cdot(-2)=\frac{3}{3}-\frac{4}{3}=-\frac{1}{3}\approx -0{,}33\text{ €}\ (<0\text{ €})$$

Bei einem Einsatz von 1 € ist die Spielerin/der Spieler im Vorteil, d. h. sie/er gewinnt auf lange Sicht im Schnitt 0,67 € pro Spiel.
Bei einem Einsatz von 2 € ist die Spielerin/der Spieler im Nachteil und sie/er verliert auf lange Sicht im Schnitt 0,33 € pro Spiel.

b) Um einen Erwartungswert von 0 zu erreichen, muss mit einem zunächst unbekanntem Spieleinsatz x gerechnet werden. Dabei ist aufgrund des Einsatzes zu „Gewinn“ der Wert (5 – x), zu „kein Gewinn“ der Wert (–x) zuzuordnen. Dies führt zu folgender Gleichung:

$$\frac{1}{3}\cdot(5-x)+\frac{2}{3}\cdot(-x)=0 \quad |\cdot 3 \qquad \text{Multiplikation mit dem HN}$$
$$(5-x)+2\cdot(-x)=0 \qquad \text{Multiplizieren}$$
$$5-x-2x=0 \qquad \text{Zusammenfassen}$$
$$5-3x=0 \quad |+3x \qquad \text{Umformen}$$
$$3x=5 \quad |:3 \qquad \text{Dividieren}$$
$$x\approx 1{,}67\text{ €}$$

Bei einem Einsatz von ca. 1,67 € ist das Spiel ausgeglichen, d. h. weder Spieler*in noch Veranstalter*in machen auf lange Sicht Gewinn oder Verlust.

Aufgaben

99 Ein Glücksrad besitzt 10 gleich große Felder. Pro Spiel wird einmal gedreht und nach folgendem Farbplan gewonnen:

5 €	3 €	1 €	kein Gewinn

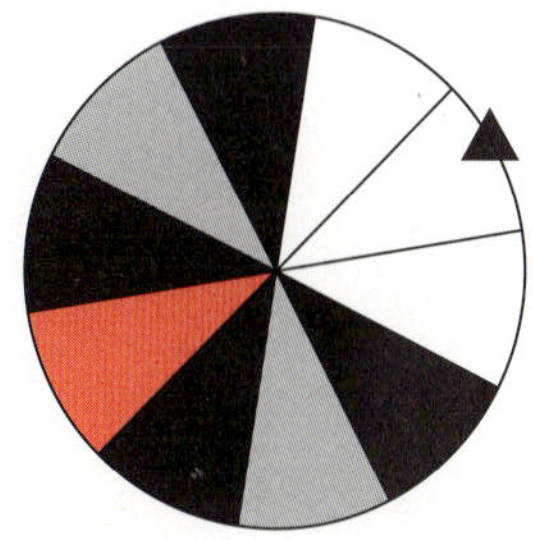

a) Berechne den Erwartungswert bei einem Einsatz von 1 €. Bedeutet dies für den Betreiber einen Verlust oder einen Gewinn?

b) Welche Konsequenz hätte eine Erhöhung der Gewinne (für rote, graue und weiße Felder) *und* des Einsatzes um jeweils 1 €?

100 Bei einem Gewinnspiel wird mit 2 Würfeln gewürfelt. Bei einem Pasch (gleiche Augenzahl auf beiden Würfeln) erhält man die (insgesamt) gewürfelte Augenzahl als Gewinn.

a) Berechne den Erwartungswert bei einem Spieleinsatz von 1 € bzw. 1,50 € und entscheide, ob das Spiel zu Gunsten oder zu Ungunsten der Spielerin/des Spielers ist.

b) Bei welchem Einsatz wird der Erwartungswert 0?

101 In einer Urne (Lostrommel) befinden sich:

4 Kugeln mit der Aufschrift „1“

3 Kugeln mit der Aufschrift „2“

2 Kugeln mit der Aufschrift „3“

1 Kugel mit der Aufschrift „4“

a) Es wird eine Kugel gezogen. Der Einsatz beträgt 2 € und der mögliche Gewinn entspricht der Aufschrift auf der gezogenen Kugel in Euro.
Berechne den Erwartungswert und interpretiere das Ergebnis.

b) Angelika schlägt vor, die Kugeln mit der Aufschrift „1“ aus der Lostrommel zu entfernen und den Einsatz auf 7 € zu erhöhen. Dafür dürfen zwei Kugeln (gleichzeitig) gezogen werden und der mögliche Gewinn entspricht dem Produkt der Aufschriften auf den beiden gezogenen Kugeln in Euro.
Welche Auswirkungen hat dies auf den Erwartungswert?

Komplexe Aufgaben und Modellierungsaufgaben

Komplexe Aufgaben und Modellierungsaufgaben

Wenn du dich in den Themengebieten der vorhergehenden Kapitel fit fühlst, kannst du dich an die Lösung der Aufgaben dieses Kapitels machen, die auf dem Niveau der Aufgaben des Wahlbereichs der Abschlussprüfung sind. Die Aufgaben sind hier nicht mehr nach Themengebieten unterteilt, sondern – wie in der Prüfung – aus den verschiedensten Bereichen zusammengestellt. Es kommt also zunächst darauf an zu erkennen, wie die jeweilige Aufgabe gelöst werden könnte, welchem Themengebiet sie zuzuordnen ist. Der Rest sollte mit deinem Vorwissen aus dem Trainingsteil ganz einfach gehen.

102 Eine Firma stellt Normalparabelschablonen aus Kunststoff her, diese werden dann in eine genau passende rechteckige Kartonhülle verpackt.

a) Bei einem Modell beträgt die Breite der Hülle 7 cm.
Ermittle die Höhe und begründe deine Vorgehensweise.

b) Bei einem anderen Modell beträgt der Flächeninhalt einer Hüllenseite 128 cm^2.
Berechne Breite und Höhe.

103 Gegeben sind $\overline{BC} = b = 3{,}6$ cm; $\beta_2 = 35{,}4°$; $\beta_1 = \frac{\beta_2}{2}$ und der Flächeninhalt $A_3 = 13{,}5$ cm^2 des Dreiecks BCD.
Berechne den Flächeninhalt des Fünfecks ABCDE.

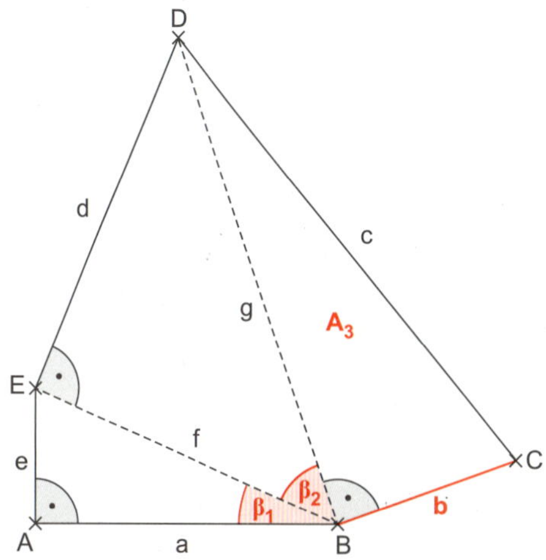

104 Ein Kegel mit $r = 3{,}00$ cm und $h = 12{,}00$ cm soll durch einen Schnitt parallel zur Grundfläche in zwei volumengleiche Teile halbiert werden.
In welcher Höhe über der Grundfläche ist der Schnitt auszuführen?

105 Gegeben sind die Parabeln p_1: $y = x^2 + 4x + 1$ und p_2: $y = x^2 - 4x + 9$
Durch den Schnittpunkt T der beiden Parabeln verläuft eine Gerade g mit der Steigung $m = 2$.

a) Gib die Gleichung der Geraden g an.

b) Diese Gerade schneidet die beiden Parabeln p_1 bzw. p_2 jeweils noch in einem weiteren Punkt S_1 bzw. S_2.
Zeige, dass die Strecken $\overline{S_1T}$ und $\overline{S_2T}$ gleich lang sind.

106 Aus einem Quadrat mit Seitenlänge $a = 12{,}0$ cm wird ein Viertelkreis ausgeschnitten, der den Mantel eines Kegels bildet.
Berechne das Volumen des Kegels.

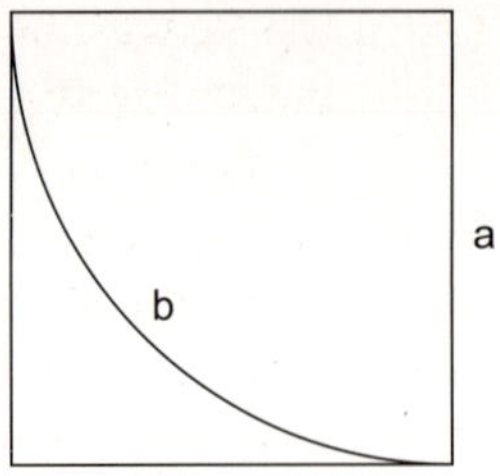

107 Der Scheitel S_1 einer Parabel $p_1(x_S > 0)$ liegt auf der Geraden g_1: $y = \frac{3}{4}x$ und ist vom Nullpunkt (Ursprung) 5 (LE) entfernt.

a) Ermittle die Parabelgleichung in Normalform.

b) Eine weitere Parabel hat die Gleichung p_2: $y = x^2 - 18x + 79$.
Berechne den Schnittpunkt S der beiden Parabeln.

c) Durch den Scheitel S_2 der Parabel p_2 verläuft eine Ursprungsgerade g_2.
Berechne den Winkel zwischen g_1 und g_2.

108 Die Gerade g: $y = 0{,}5x + 4$ schneidet die y-Achse im Punkt Y und die Parabel p: $y = x^2 - 9{,}5x + 20$ in den Punkten S_1 und S_2. Zusammen mit dem Ursprung N entstehen 2 Dreiecke NS_1Y und NS_2Y.

a) Fertige zu diesem Sachverhalt eine Zeichnung.

b) In welchem Verhältnis stehen die Flächeninhalte A_1 und A_2 der beiden Dreiecke NS_1Y und NS_2Y?

109 a) In einer Schulklasse mit 24 Schülerinnen und Schülern wird erhoben, ob die Schüler*innen mit einem öffentlichen Verkehrsmittel oder ohne ein öffentliches Verkehrsmittel zur Schule kommen. Dabei ergibt sich, dass die Anzahl der Schüler*innen, die mit einem öffentlichen Verkehrsmittel kommen, doppelt so hoch ist.
Gib diesen Sachverhalt in zwei (verschiedenen Diagrammen) wieder.

b) In einer anderen Klasse wird dieselbe Erhebung durchgeführt und liefert folgendes Ergebnis:

Mit öffentlichem Verkehrsmittel: 

Ohne öffentliches Verkehrsmittel: 

Wie groß ist die Wahrscheinlichkeit, dass bei einer Befragung von zwei Schülern (m/w) beide die Antwort geben, dass sie ohne öffentliche Verkehrsmittel zur Schule kommen?

110 In einem Würfel der Kantenlänge $a = 6{,}0$ cm befinden sich die eingezeichneten Strecken und der Winkel α. Die Strecke $\overline{AE'}$ halbiert den Winkel α.
Berechne die Länge von $\overline{AE'}$ und den Flächeninhalt des Dreiecks AE'E.

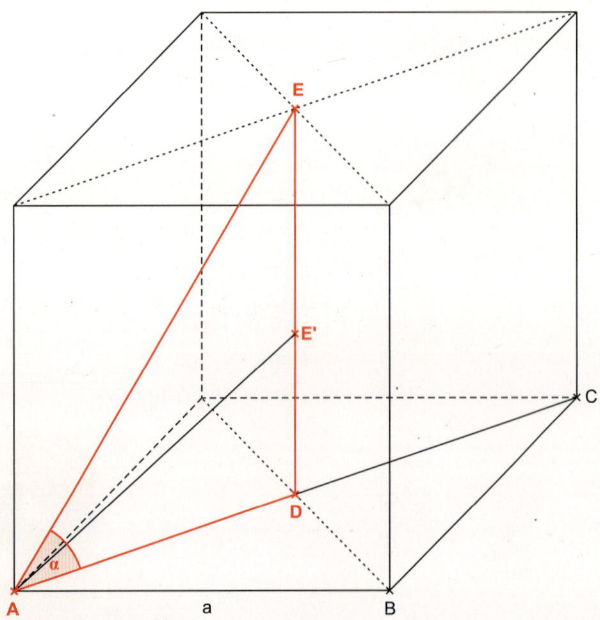

111 Ein Punkt C befindet sich in der zunächst gezeichneten Höhe über der Strecke $\overline{AB}$. Die **konstante** Strecke s hat eine Länge von s = 2,36 m; der Winkel β beträgt β = 111°.

a) In welcher Höhe h befindet sich C über $\overline{AB}$?

b) Der Punkt C wird jetzt so um B gedreht, dass er eine neue Lage C' einnimmt, dabei verkürzt sich die Höhe h um 40 % zu der neuen Höhe h'. Um wie viel Grad wird C gedreht?

c) Der Punkt C' liegt über der Mitte der Strecke $\overline{AB}$. Berechne die Länge von $\overline{AB}$.

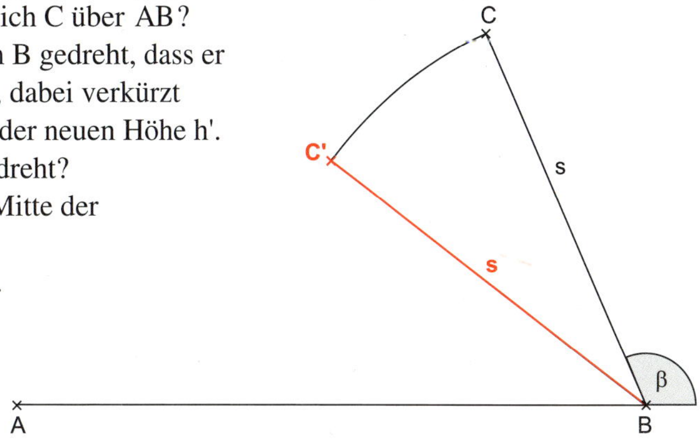

112 Zeige (ohne Verwendung gerundeter Werte), dass die Länge der Strecke $\overline{EC} = \frac{e}{2}(1+\sqrt{3})$ beträgt.

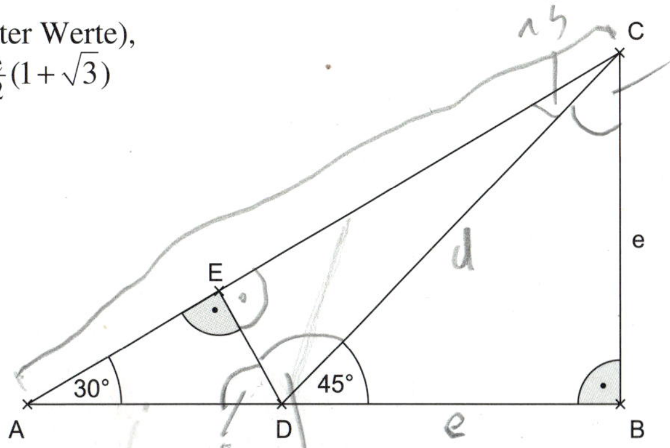

113 Die Skizze zeigt eine quadratische Pyramide mit einer pyramidenförmigen Aushöhlung am Boden. Die Längen der Grundseiten und die Höhe h der nicht ausgehöhlten Pyramide betragen e, die Höhe h' der Aushöhlung beträgt 10 % von h.
Für welchen Wert von e beträgt das Volumen der ausgehöhlten Pyramide 19,2 cm³?

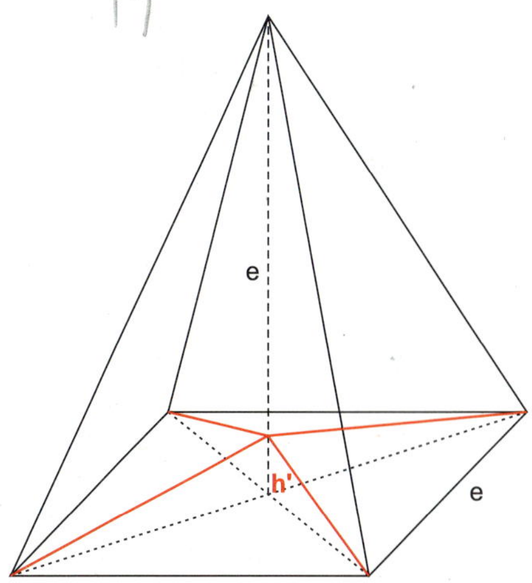

114 Die Parabel $y = x^2 - \frac{3}{4}x - \frac{1}{2}$ und die Gerade $y = -\frac{3}{4}x + \frac{7}{2}$ schneiden sich in den Punkten A und B. Durch den Nullpunkt (Ursprung) und die Punkte A bzw. B verlaufen die Geraden g_A und g_B.
Berechne die Größe des Winkels α zwischen g_A und g_B.

115 Die Geraden g: $y=-\frac{3}{4}x+6$ und v: $y=\frac{1}{4}x+2$ schließen zusammen mit der y-Achse ein Dreieck ein, dabei wird der Schnittpunkt der beiden Geraden mit S bezeichnet.

a) Zeichne die beiden Geraden in ein Koordinatensystem und markiere das Dreieck farbig.
b) Berechne die Koordinaten von S und den Flächeninhalt des obigen Dreiecks.

Die Gerade g und der Punkt S bleiben für die folgenden Überlegungen fest:

c) Ändere die Funktion v so ab, dass das Dreieck rechtwinklig wird.
d) Ändere die Funktion v so ab, dass der Flächeninhalt des Dreiecks doppelt so groß wird.

116 Die Skizze zeigt einen Achsenschnitt durch zwei Kegel mit demselben Radius.

a) Zeige, dass sich die Volumina der beiden Kegel wie 1 : 3 verhalten.
b) Zeige, dass die Oberfläche des größeren Kegels $O = 27\pi e^2$ beträgt.

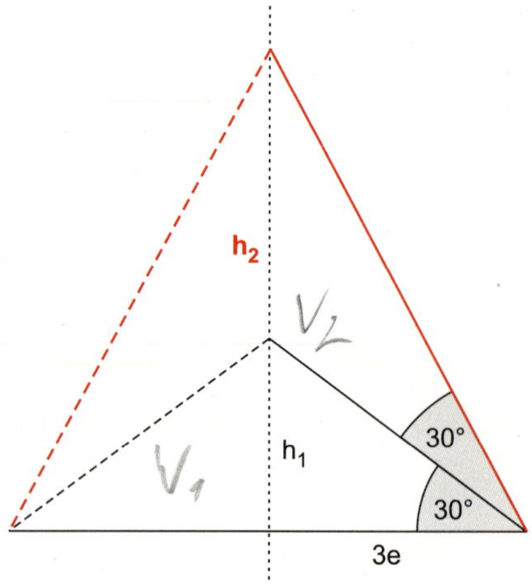

117 Ein Tank besteht aus einem quaderförmigen Mittelteil und zwei halben Zylindern. Welche Breite a muss der Tank haben, wenn er 4 000 Liter fassen soll?

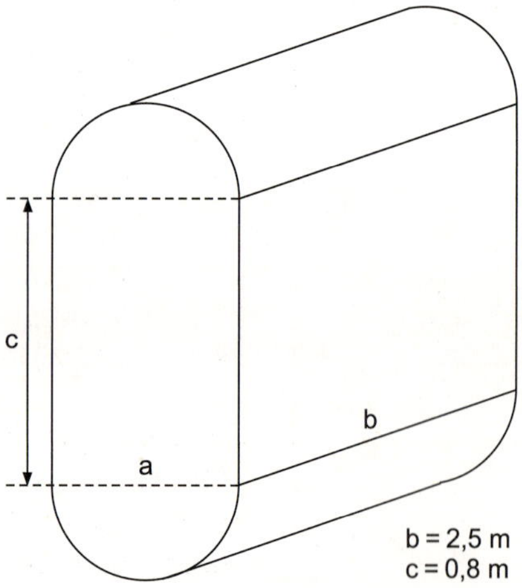

118 In einer Urne befinden sich zwei schwarze und drei rote Kugeln. Es wird mit Zurücklegen gezogen.
Für welches Ereignis beträgt die Wahrscheinlichkeit 48 %?

119 Eine Wand hat die Form einer nach unten geöffneten Parabel. Die Wand hat eine Breite von 10 m und eine Höhe von 6 m.
Kann in diese Wand ein quadratisches Fenster mit einer Kantenlänge von 4,8 m eingebaut werden?

120 Über dem regelmäßigen Sechseck und über dem eingezeichneten Rechteck werden jeweils 7,5 cm hohe Pyramiden errichtet.
Um wie viel unterscheiden sich die beiden Oberflächen?

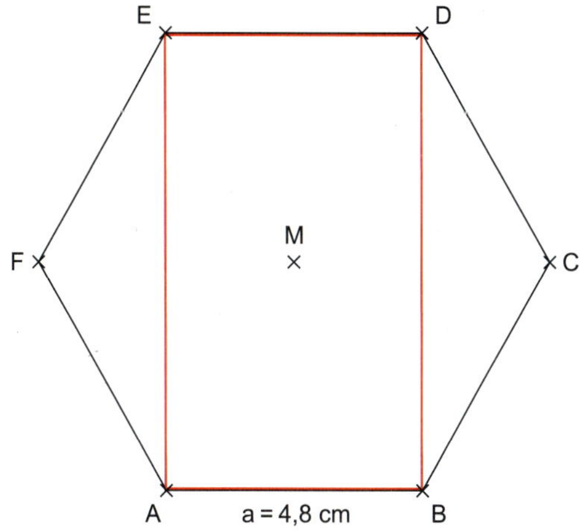

121 Die Oberfläche eines 6,0 cm hohen quadratischen Prismas beträgt 148,5 cm^2.
Um wie viel Prozent ändert sich die Oberfläche, wenn von dem Prisma die rechte vordere Ecke (entlang der rot eingezeichneten Linien) abgeschnitten wird?
(M befindet sich jeweils in der Mitte der entsprechenden Grundseite.)

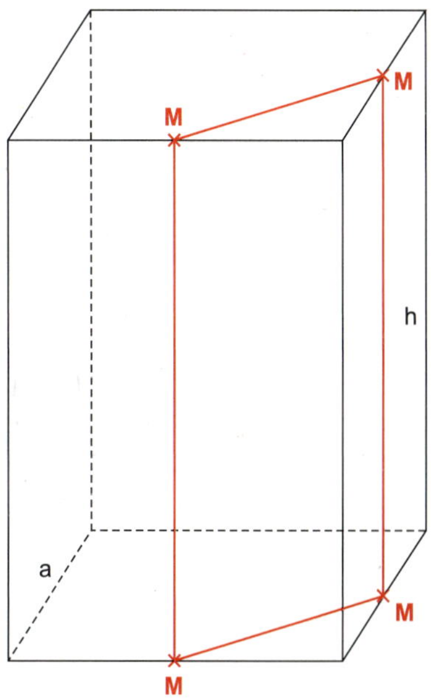

122 Der abgebildete Körper ist Teil eines Würfels.
Zeige zunächst, dass die Oberfläche des abgebildeten Körpers
$O = a^2(4 + \frac{\pi}{4})$ (FE) beträgt.
Für welchen Wert von a beträgt die Oberfläche $O = 69{,}1\ cm^2$?

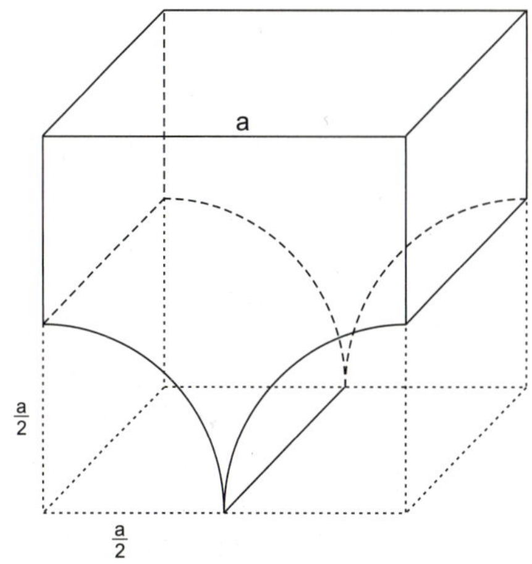

123 Der Flächeninhalt des abgebildeten Dreiecks beträgt $A = 2e^2\sqrt{3}$.
Zeige (ohne Verwendung gerundeter Werte), dass der Umfang $u = 2e(3+\sqrt{3})$ beträgt.

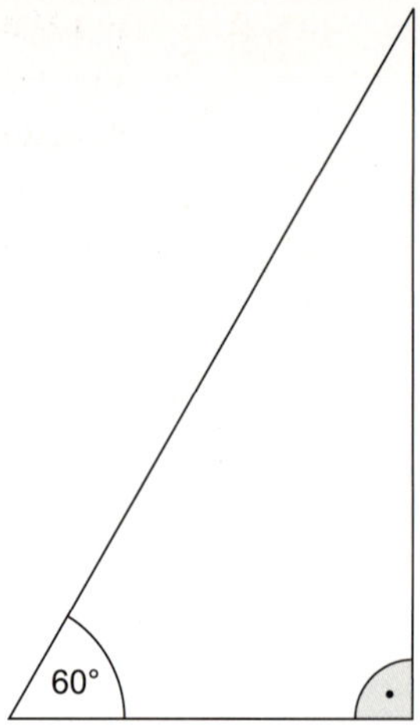

124 Aus einem Zylinder mit h = 7,6 cm und r = 4,2 cm wird ein Teil ausgeschnitten – siehe nebenstehende Skizze.
Wie groß ist der Winkel α, wenn durch das Ausschneiden die Oberfläche um 30 % abnimmt?

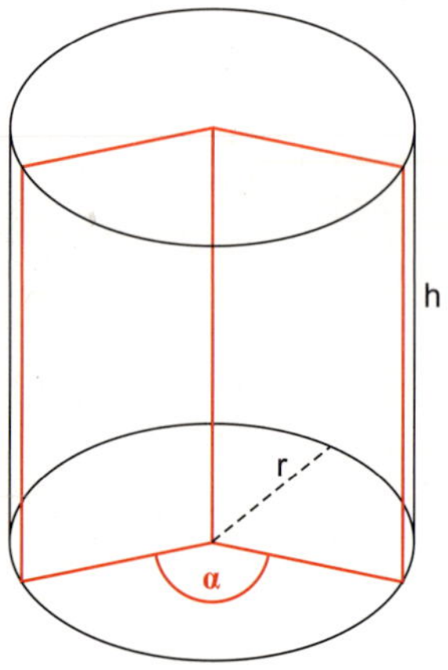

125 In eine quadratische Pyramide mit h = 9,0 cm und a = 6,0 cm wird ein Würfel einbeschrieben (siehe Skizze).
Berechne das Volumen des Würfels.

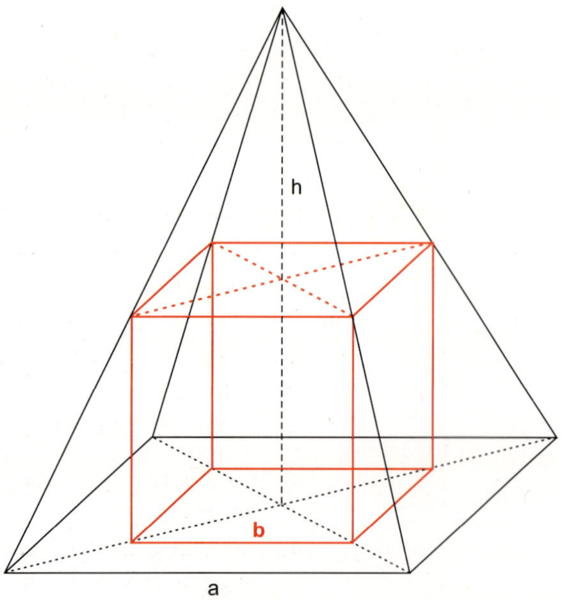

126 Ein Vater und ein Sohn sind zusammen 62 Jahre alt.
Vor sechs Jahren war der Vater viermal so alt wie damals der Sohn.
Berechne das Alter der beiden Personen unter Verwendung eines Gleichungssystems.

127 Ein Prisma hat als Grundfläche ein gleichseitiges Dreieck mit der Kantenlänge a.
Die Höhe des Prismas beträgt 4a.

a) Berechne das Volumen des Prismas (ohne Verwendung gerundeter Werte) als Vielfaches von a.
b) Das Prisma wird gekippt und an die **beiden** Dreiecksflächen werden Kegelhälften angesetzt.
Um wie viel Prozent ändert sich dadurch das Volumen?

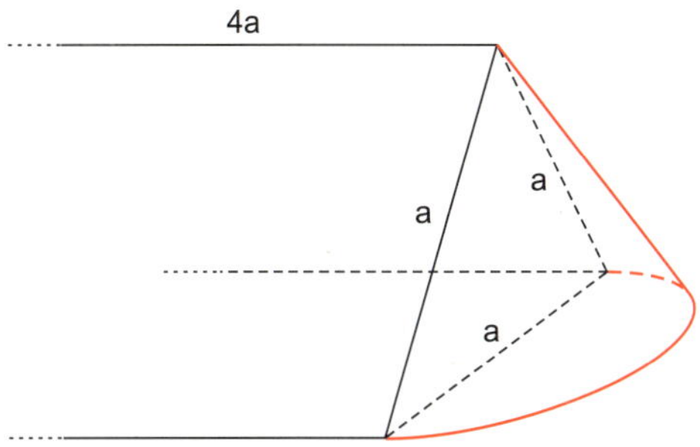

128 In einer quadratischen Pyramide mit den Grundseiten e und mit den Seitenkanten 2e befindet sich das eingezeichnete Viereck AM_1M_2D. (M_1 und M_2 sind jeweils die Mittelpunkte der Seitenkanten.)
Zeige, dass der Umfang des Vierecks AM_1M_2D $u = \frac{e}{2}(3 + 2\sqrt{6})$ beträgt.

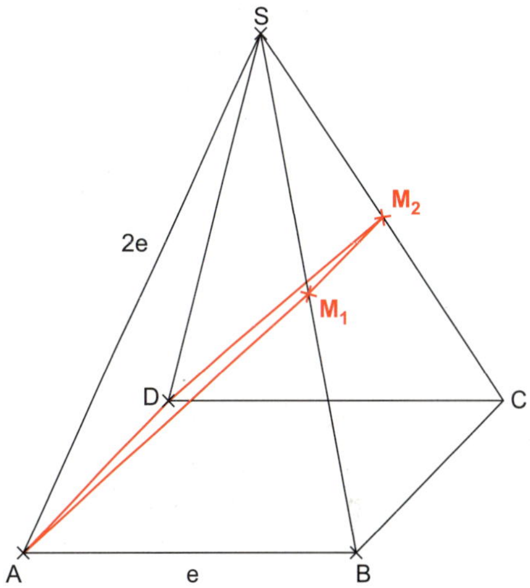

129 Eine Schulklasse möchte beim Schulfest ein Gewinnspiel veranstalten, es stehen drei Vorschläge zur Diskussion:

V1:	einmaliges Würfeln:	Gewinn bei gewürfelter „6“
V2:	zweimaliges Würfeln:	Gewinn bei Augensummen „5 oder 9“
V3:	zweimaliges Ziehen (ohne Zurücklegen) aus einer Urne mit 3 weißen und 3 schwarzen Kugeln:	Gewinn bei zwei weißen Kugeln

a) Bei welchem Vorschlag wäre die Gewinnchance für die Spielerin/den Spieler am größten?
b) Die Klasse entscheidet sich für Vorschlag 3 und verlangt 1 € Spieleinsatz bei einem möglichen Gewinn von 5 €.
Wird die Klasse Gewinn machen? Begründe deine Überlegungen.

130 Auf einem Würfel der Kantenlänge $a = 5{,}0$ cm befindet sich der Streckenzug ABCD. Die Winkel betragen $\alpha = 72{,}0°$ und $\beta = 61{,}0°$. Berechne den Winkel γ und die Länge ℓ des Streckenzuges.

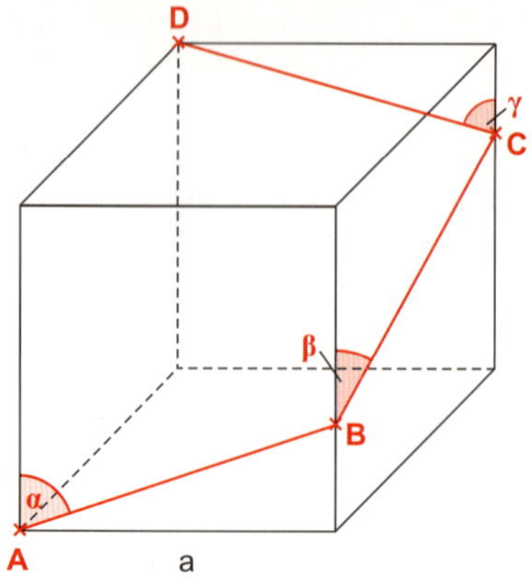

131 Die Glaspyramide im Innenhof des Louvre, erbaut 1985 bis 1989, dient als Haupteingang des Museums und ist ein Wahrzeichen der Stadt Paris. Die Pyramide ist 21,65 m hoch, 35,42 m breit und etwa 41° steil. Vorbild für ihre Proportionen ist die Cheops-Pyramide, auch Große Pyramide von Gizeh genannt. Die Cheops-Pyramide war Schätzungen zufolge ursprünglich 146,6 m hoch (heute: 138,8 m), die Grundseiten sind ca. 230,3 m lang.

Julia erkundigt sich und erfährt, dass es sich jeweils um quadratische Pyramiden handelt. Es kommen ihr Zweifel, ob die Angabe des Winkels korrekt ist und ob die Proportionen der Pyramiden übereinstimmen. Sind Julias Zweifel berechtigt? Begründe deine Antwort durch Rechnung.
Julia möchte ein Kantenmodell der Louvre-Pyramide im Maßstab 1 : 200 bauen. Berechne den dazu notwendigen Materialbedarf.

Original-Abschlussprüfungen

Realschulabschluss Baden-Württemberg
Mathematik 2020

Pflichtbereich

4 Punkte

Aufgabe P 1

Im Quadrat ABCD liegt der Streckenzug DEFB.

Es gilt:

$\overline{BF} = 8{,}5\ \text{cm}$

$\overline{EF} = 8{,}3\ \text{cm}$

$\overline{AB} = 16{,}7\ \text{cm}$

$\beta_1 = 52{,}0°$

$\overline{EF}$ verläuft parallel zu $\overline{AB}$.

Berechnen Sie den Winkel δ_1.

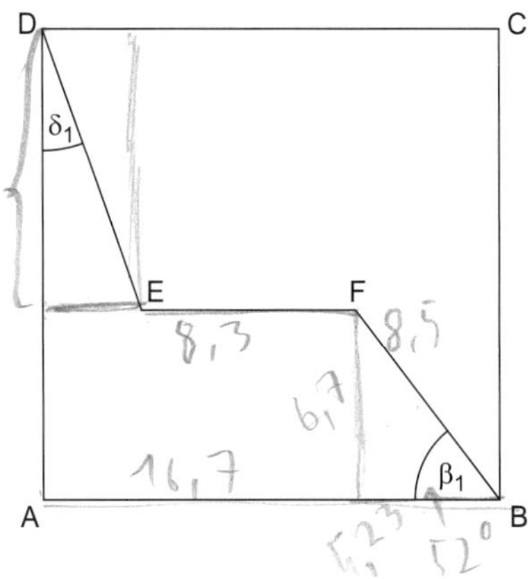

4,5 Punkte

Aufgabe P 2

Die Eckpunkte des Dreiecks ABC liegen auf den Parallelen g und h.

Es gilt:

$\overline{AB} = 9{,}4\ \text{cm}$

$\beta = 57{,}0°$

$d = 6{,}7\ \text{cm}$

Berechnen Sie den Umfang des Dreiecks ADC.

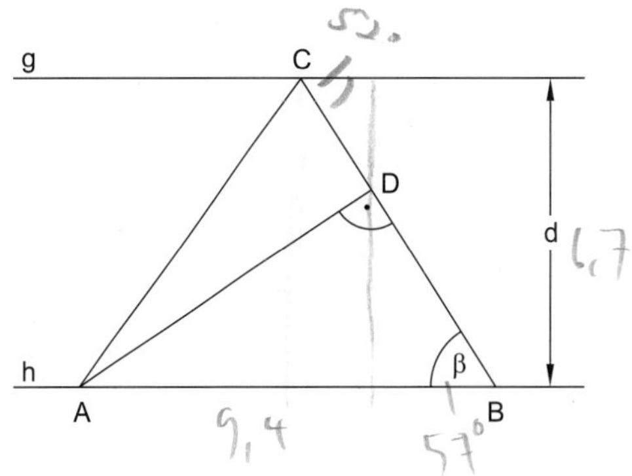

3,5 Punkte

Aufgabe P 3

Ein Werkstück besteht aus einem Kegel und einem halben Zylinder.

Berechnen Sie den Oberflächeninhalt des Werkstücks.

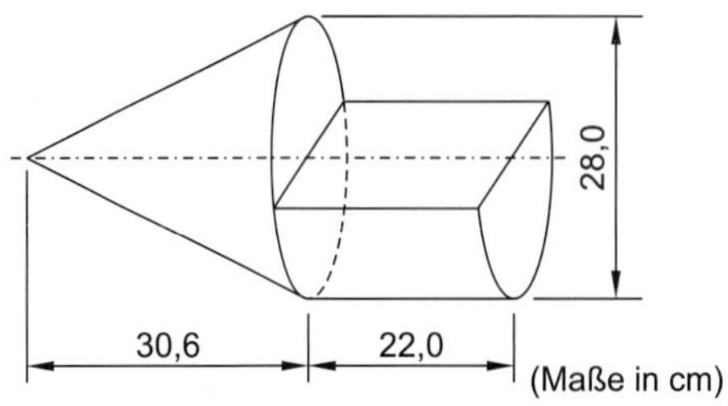

3,5 Punkte

Aufgabe P 4

Lösen Sie die Gleichung:

$(2x+1)^2 - 3(x+4) = (x-1)(2x+1) + 2$

4 Punkte

Aufgabe P 5

Gegeben sind fünf Funktionsgleichungen und drei Graphen.

(1) $y = \frac{1}{2}x + 3$

(2) $y = x^2 + 4x + 3$

(3) $y = \frac{1}{2}x^2 + 3$

(4) $y = x^2 - 4x + 3$

(5) $y = -\frac{1}{2}x + 3$

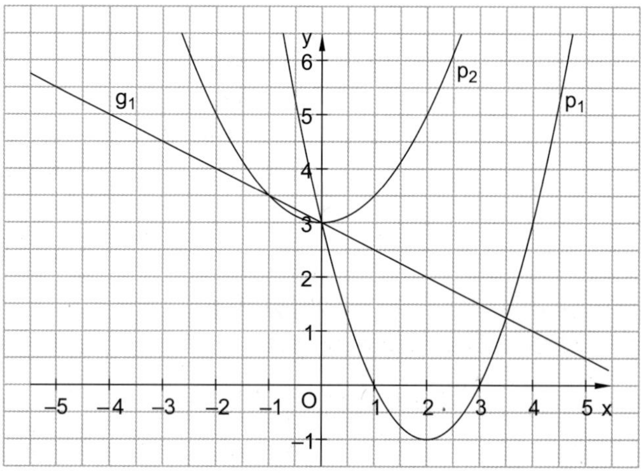

Ordnen Sie jedem Graphen die zugehörige Funktionsgleichung zu.
Begründen Sie Ihre Entscheidung.

Zeichnen Sie die beiden fehlenden Graphen in das Koordinatensystem ein.

4 Punkte

Aufgabe P 6

Ben, Laura und Emma besitzen jeweils ein Rubbel-Los. Auf jedem Los befinden sich 16 gleich große Felder. Nur zwei der 16 Felder werden freigerubbelt. Die beiden Beträge, die dadurch sichtbar werden, werden addiert und ergeben den Gewinn. Auf acht Feldern steht der Betrag 0 €, auf sechs Feldern steht der Betrag 1 € und auf zwei Feldern der Betrag 10 €.

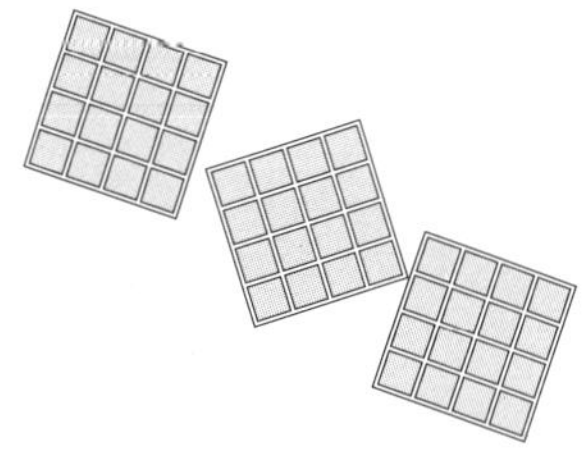

- Ben hat auf seinem Los zwei Felder freigerubbelt (siehe Abbildung). Berechnen Sie die Wahrscheinlichkeit für das Ereignis „Gewinn 10 €".
- Laura überlegt sich, wie groß die Wahrscheinlichkeit ist, den Hauptgewinn von 20 € zu erhalten. Berechnen Sie die Wahrscheinlichkeit.
- Emma möchte mehr als 10 € gewinnen. Berechnen Sie diese Wahrscheinlichkeit.

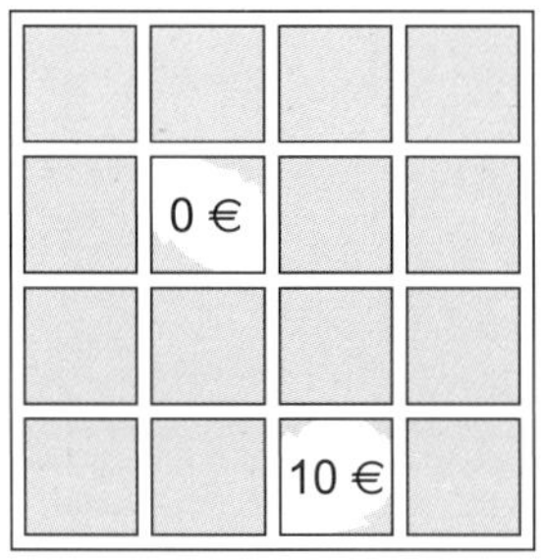

3 Punkte

Aufgabe P 7

Die Diagramme zeigen den Verbrauch von Getränkeverpackungen.

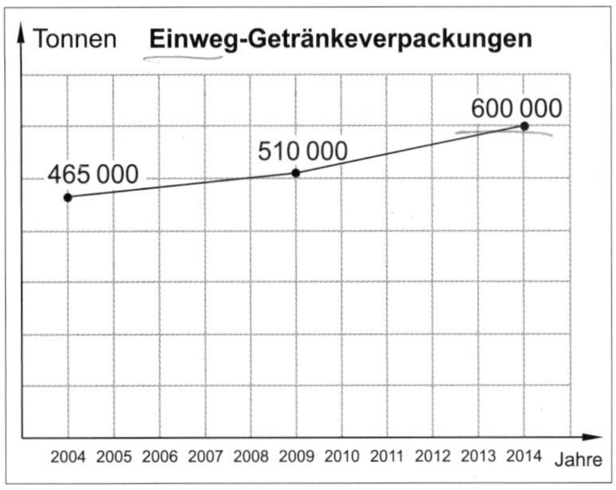

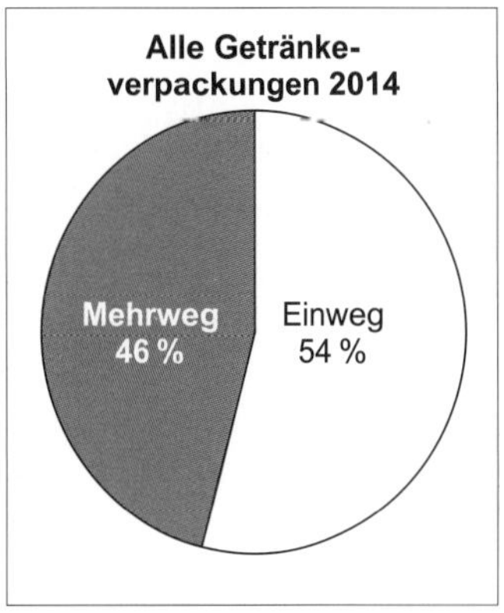

Quelle: Bundesumweltministerium

Um wie viel Prozent ist der Verbrauch der Einweg-Getränkeverpackungen von 2004 bis 2014 insgesamt gestiegen?

Wie viele Tonnen Getränkeverpackungen (Einweg und Mehrweg) wurden im Jahr 2014 insgesamt verbraucht?

Der Verbrauch von Einweg-Getränkeverpackungen soll in den zehn Jahren von 2014 bis 2024 jährlich um jeweils 5 % gegenüber dem Vorjahr sinken.

Wie viele Tonnen Einweg-Getränkeverpackungen wären es dann im Jahr 2024?

3,5 Punkte

Aufgabe P 8

Im Rahmen einer Untersuchung wurden die Wartezeiten beim Anruf zweier Hotlines notiert. Das Diagramm zeigt die Wartezeiten von 41 Anrufern der Hotline QUICK-TEL.

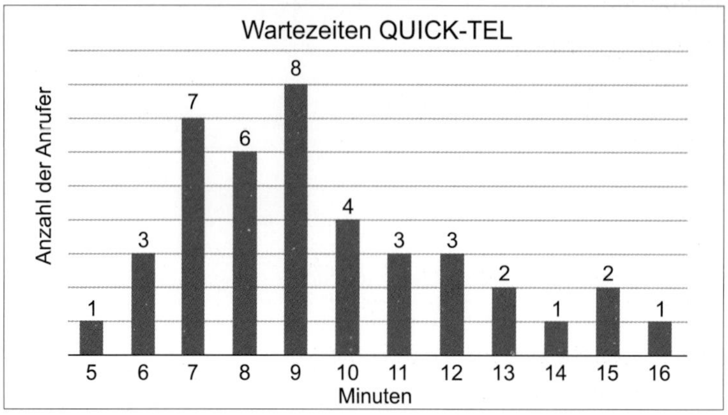

Welcher der beiden Boxplots stellt die Verteilung der Wartezeiten aus dem Diagramm dar? Begründen Sie mithilfe der Kennwerte.

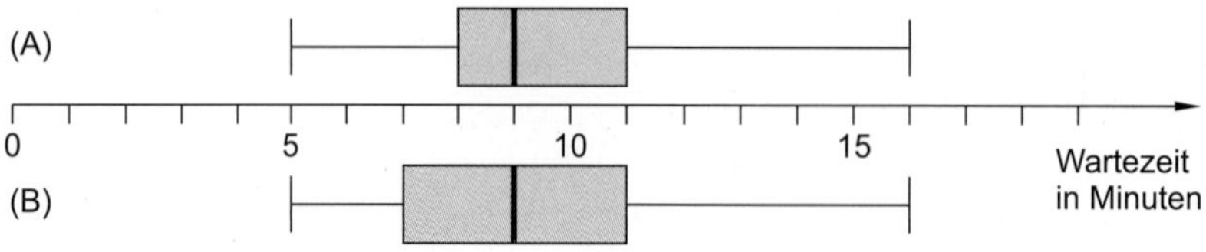

Der andere Boxplot zeigt die Verteilung der Wartezeiten der Hotline FAST-PHONE. Hier wurden ebenfalls 41 Wartezeiten erfasst.
In der Strichliste fehlen die Werte für 8, 9 und 11 Minuten.
Ergänzen Sie diese drei Felder mit möglichen Werten.

Minuten	5	6	7	8	9	10	11	12	13	14	15	16
Anzahl der Anrufer	2	4	3			5		4	1	1	2	1

Wahlbereich

Aufgabe W 1

5,5 Punkte

a) Im Fünfeck ABCDE gilt:
$\overline{CD} = 9,5\ \text{cm}$
$\varepsilon_1 = 64,0°$
$\gamma = 95,0°$
$\overline{AB} \parallel \overline{CE}$

Der Abstand des Punktes D zu $\overline{AB}$ beträgt 12,9 cm.

Berechnen Sie den Flächeninhalt des Vierecks ABCE.

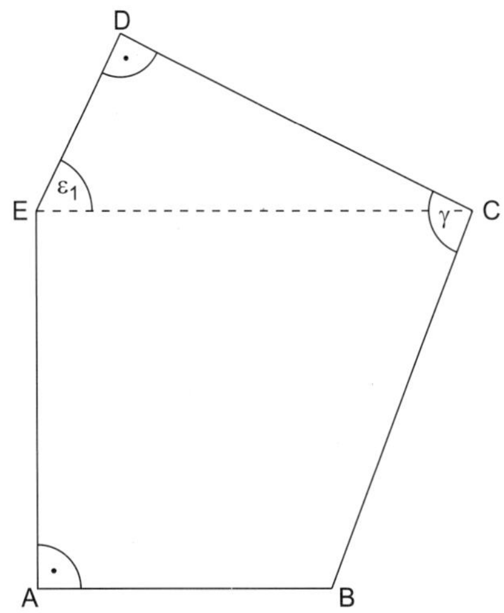

4,5 Punkte

b) Im Rechteck ABCD liegen die gleichseitigen Dreiecke EBF und AGD.
Es gilt:
$\overline{BE} = 4e\sqrt{3}$
Weisen Sie ohne Verwendung gerundeter Werte nach, dass für den Flächeninhalt des Rechtecks ABCD gilt:
$A = 36e^2\sqrt{3}$

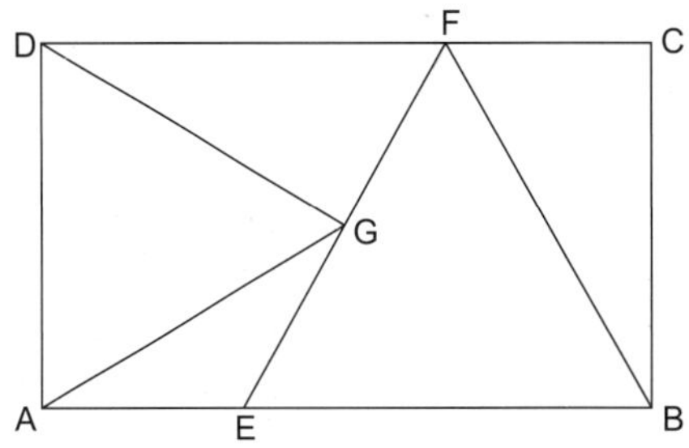

Aufgabe W 2

5,5 Punkte

a) Von einer regelmäßigen achtseitigen Pyramide sind bekannt:
$a = 6,2\ \text{cm}$
$s = 32,0\ \text{cm}$

Der Punkt C liegt auf der Höhe h der Pyramide.
Das Dreieck ABC soll den gleichen Flächeninhalt haben wie eines der Manteldreiecke.

Berechnen Sie die Länge von $\overline{SC}$.

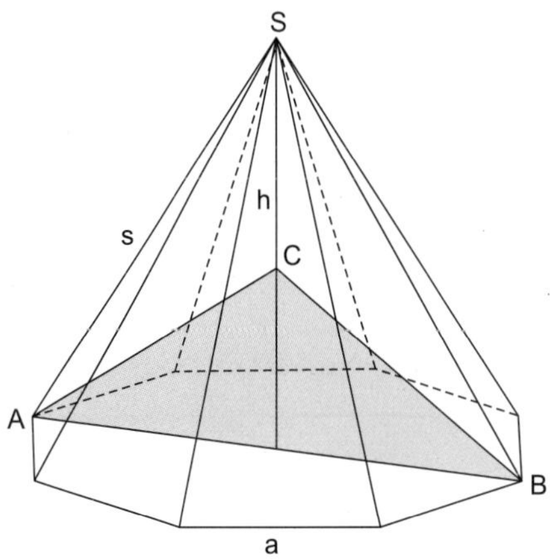

4,5 Punkte

b) Von einem DIN-A4-Blatt (21,0 cm × 29,7 cm) werden die vier eingefärbten Dreiecke abgeschnitten. Mit diesen vier Dreiecken werden die Diagonalschnittfläche ACS und die Grundfläche einer halben massiven quadratischen Pyramide vollständig beklebt.

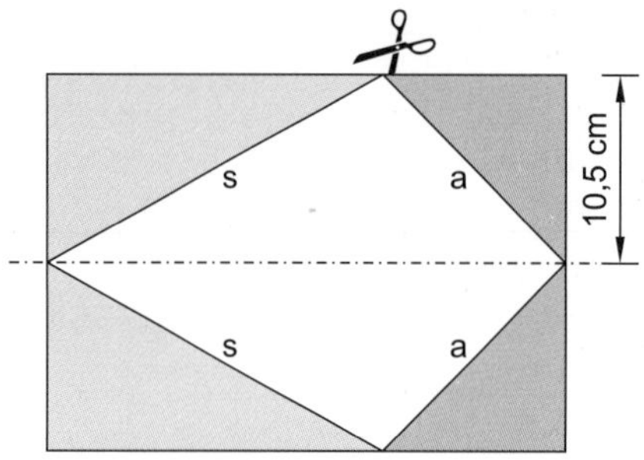

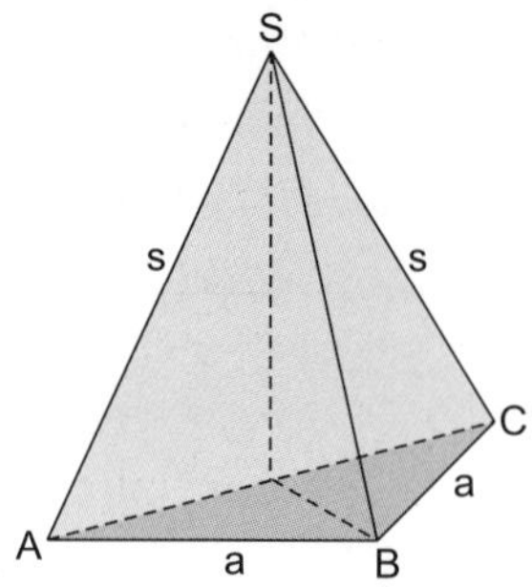

Lena behauptet: „Die beiden Manteldreiecke ABS und BCS haben zusammen den gleichen Flächeninhalt wie die Restfläche des DIN-A4-Blatts.“

Hat Lena recht? Begründen Sie durch Rechnung.

Aufgabe W 3

5,5 Punkte

a) Die nach oben geöffnete Normalparabel p_1 hat mit der x-Achse die Schnittpunkte $N_1(-5\,|\,0)$ und $N_2(-1\,|\,0)$. Sie schneidet die y-Achse im Punkt A.

Die Parabel p_2 hat die Funktionsgleichung $y = x^2 - 6x + 11$ und schneidet die y-Achse im Punkt B.

Durch die Scheitelpunkte S_1 und S_2 der beiden Parabeln verläuft die Gerade g. Berechnen Sie die Funktionsgleichung der Geraden g.

Der Punkt C ist der Mittelpunkt der Strecke $\overline{AB}$.
Die Gerade h mit der Steigung $m = -1$ geht durch C.

Unter welchen Winkeln schneiden sich die Geraden g und h?
Begründen Sie Ihre Antwort durch Rechnung oder Argumentation.

4,5 Punkte

b) Die Parabel p mit der Funktionsgleichung $y = x^2 + 6x$ schneidet die x-Achse in den Punkten N_1 und N_2.
Die Gerade g mit der Funktionsgleichung $y = x$ schneidet die Parabel in den Punkten N_1 und C.
Berechnen Sie den Flächeninhalt des Dreiecks N_1N_2C.

Die Gerade h mit der Funktionsgleichung $y = \frac{1}{2}x$ schneidet die Parabel in den Punkten N_1 und D.

Peter behauptet: „Die Steigung der Geraden h ist nur halb so groß wie die der Geraden g. Daher ist der Flächeninhalt des Dreiecks N_1N_2D auch nur halb so groß wie der des Dreiecks N_1N_2C.“

Hat Peter recht? Begründen Sie rechnerisch.

Aufgabe W 4

5,5 Punkte

a) Die beiden Glücksräder werden gedreht.
Nachdem sie stehen bleiben, erkennt man im Sichtfenster eine Kombination zweier Symbole.

Wie groß ist die Wahrscheinlichkeit, zwei gleiche Symbole im Sichtfenster zu sehen?

Die Glücksräder werden für ein Glücksspiel eingesetzt. Dazu wird der abgebildete Gewinnplan geprüft. Berechnen Sie den Erwartungswert.

Der Gewinnplan soll so verändert werden, dass das Spiel fair wird.

Wie hoch muss dann der Gewinn für das Ereignis „Kreis und Dreieck" sein, wenn alles andere unverändert bleibt?

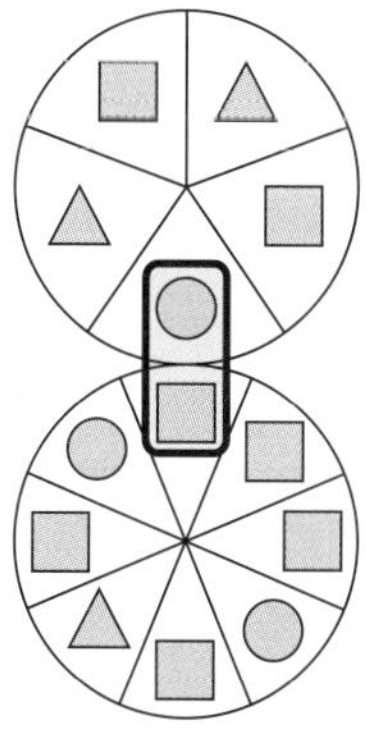

Ereignis	Gewinn
gleiche Symbole	2,00 €
Kreis und Dreieck	4,00 €
restliche Möglichkeiten	kein Gewinn
Einsatz pro Spiel: 1,50 €	

4,5 Punkte

b) Thea trainiert Aufschläge beim Volleyball (siehe Skizze).

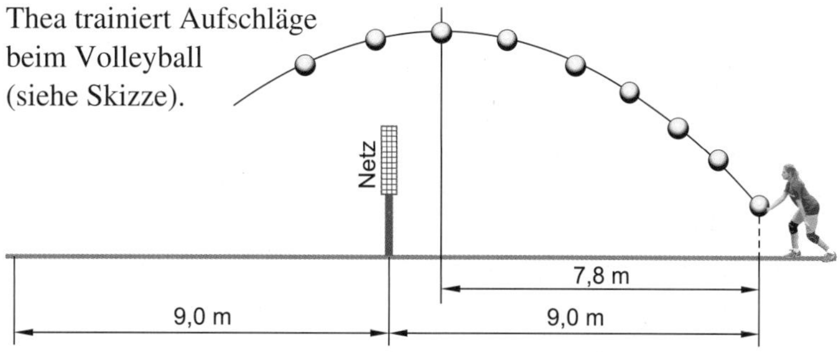

Die Flugkurve des Balles lässt sich mit einer Funktionsgleichung der Form $y = ax^2 + c$ annähernd beschreiben. Der Ball verlässt beim Aufschlag von unten die Hand in einer Höhe von 90 cm über der Grundlinie. Nach 7,8 m (horizontal gemessen) erreicht die Flugkurve des Balles ihre maximale Höhe von 4,0 m.
Geben Sie eine mögliche Funktionsgleichung der zugehörigen Parabel p an.

In welchem Abstand überquert der Ball das 2,24 m hohe Netz?

Die Grundlinien des Volleyballspielfeldes sind jeweils 9,0 m vom Netz entfernt (siehe Skizze).
In welcher Entfernung zur Grundlinie trifft der Ball auf dem Boden auf?

Pflichtteil A 1

1,5 Punkte

Aufgabe P 1

a) Auf der Mantelfläche der quadratischen Pyramide ist ein Streckenzug eingezeichnet. Auf welchem der vier abgebildeten Netze wird der Streckenzug richtig dargestellt?

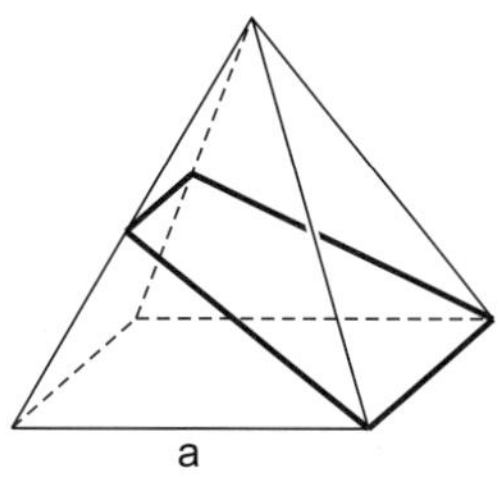

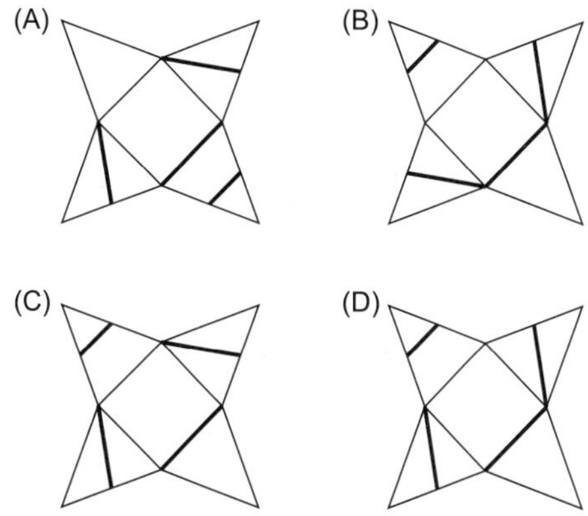

b) Die Grundkante a der quadratischen Pyramide ist 5 cm lang.
Die Körperhöhe h beträgt 6 cm.
Berechnen Sie das Volumen der quadratischen Pyramide.

1,5 Punkte

Aufgabe P 2

Lösen Sie die Gleichung.
$(x-3)(x+5)+7=8(x-2)$

2 Punkte

Aufgabe P 3

In einem Behälter liegen gelbe, rote und blaue Kugeln. Insgesamt sind es sechs Stück. Kim zieht ohne hinzuschauen zwei Kugeln gleichzeitig. Im Baumdiagramm sind zwei Wahrscheinlichkeiten angegeben.

a) Ergänzen Sie in den beiden leeren Feldern die Wahrscheinlichkeitsangaben.

b) Wie groß ist die Wahrscheinlichkeit, dass Kim zwei rote Kugeln zieht?

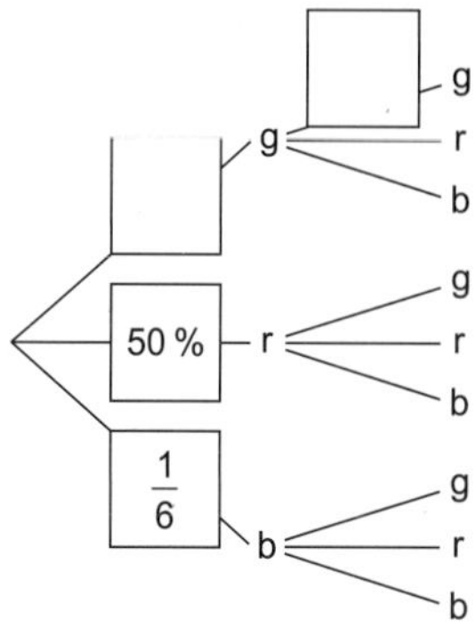

2 Punkte

Aufgabe P 4

a) Sechs Funktionsgleichungen – drei Graphen
Welche Funktionsgleichung gehört zu welchem Graphen?

(1) $y = -3x + 3$

(2) $y = -\frac{1}{2}x^2 + 3$

(3) $y = x^2 - 4x + 3$

(4) $y = 3x + 3$

(5) $y = x^2 + 4x + 3$

(6) $y = -\frac{1}{4}x^2 + 3$

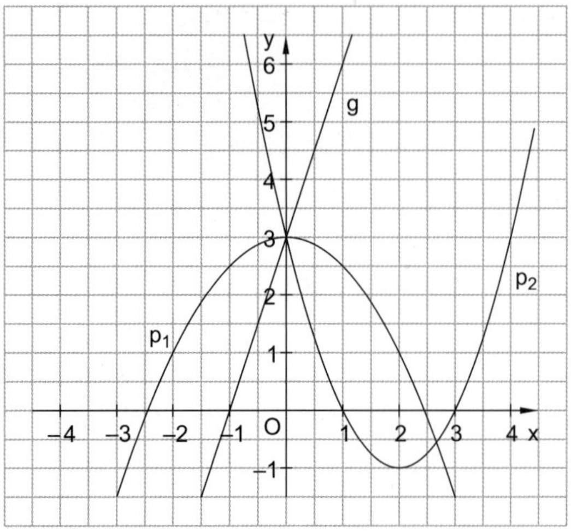

b) Die Gerade h hat die Funktionsgleichung $y = -\frac{1}{2}x + 2$.
Zeichnen Sie die Gerade h in das abgebildete Koordinatensystem.

1 Punkt

Aufgabe P 5

Weisen Sie nach, dass gilt:

$$\frac{10^6}{5^4 \cdot 5^2} : 2^4 = 4$$

1 Punkt

Aufgabe P 6

Johannes legt drei Muster mit quadratischen Kärtchen.

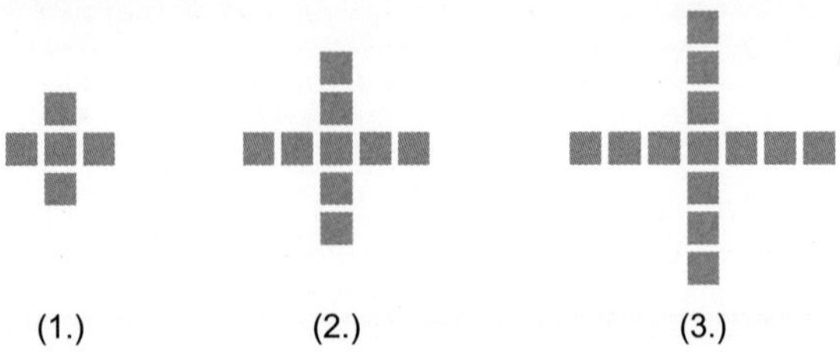

Er behauptet: „Das 10. Muster besteht aus 43 Kärtchen."
Hat Johannes recht?
Begründen Sie Ihre Aussage.

1 Punkt

Aufgabe P 7

Ordnen Sie jedem Kreisdiagramm die passende Aussage zu.
Tragen Sie den Buchstaben in das Kästchen ein.

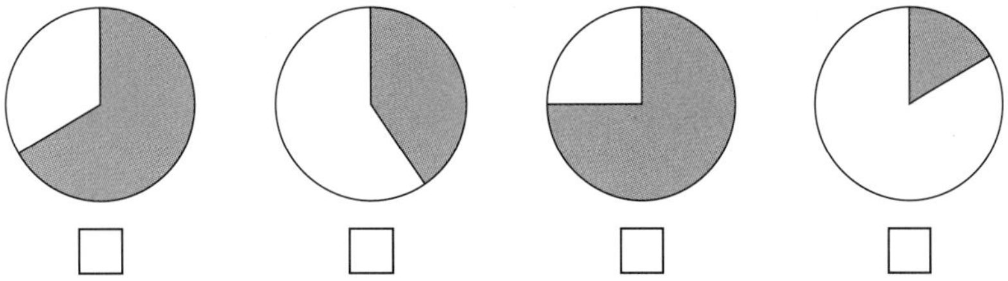

(A) Drei Viertel der Schülerinnen und Schüler kommen im Winter mit dem Bus zur Schule.

(B) 15 % der Schülerinnen und Schüler besuchen die Klassenstufe 10.

(C) 200 von 300 Schülerinnen und Schülern haben Geschwister.

(D) 40 % der Schülerinnen und Schüler fahren im Sommer mit dem Fahrrad zur Schule.

Pflichtteil A 2

3,5 Punkte

Aufgabe P 1

Das gleichschenklige Dreieck ABC und das Quadrat ADEF überdecken sich teilweise.

Es gilt:
$\overline{BD} = 10{,}0\,\text{cm}$
$\beta = 67{,}0°$
$\overline{AC} = \overline{BC}$

Berechnen Sie den Umfang des Dreiecks GEC.

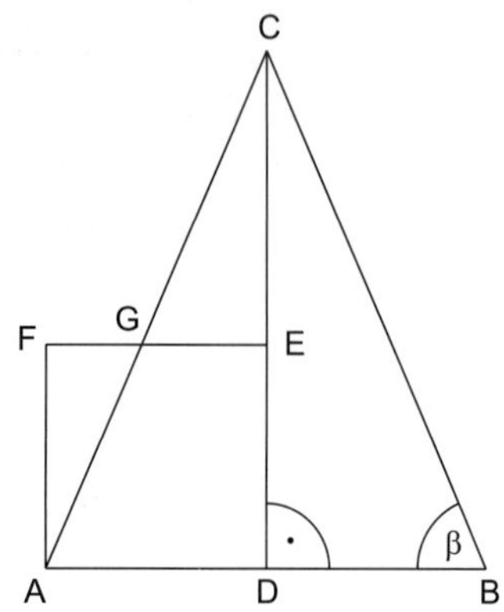

3,5 Punkte

Aufgabe P 2

Ein Kunstwerk setzt sich aus einer Halbkugel und einem Kegel zusammen.

Es gilt:
$s = 3{,}7\,\text{m}$
$h_{ges} = 5{,}1\,\text{m}$
$\alpha = 72{,}0°$

- Berechnen Sie den Oberflächeninhalt des zusammengesetzten Körpers.

Dieses Kunstwerk soll mit Farbe angestrichen werden. Eine 1-Liter-Farbdose reicht für 10 m^2.

- Wie viele Dosen müssen gekauft werden?

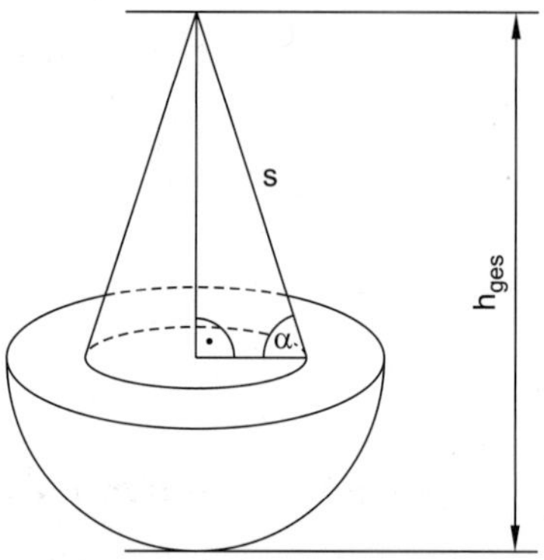

3,5 Punkte

Aufgabe P 3

Die beiden Glücksräder werden gedreht. Wenn sie stehen bleiben, erkennt man im Sichtfenster eine zweistellige Zahl.
Die Abbildung zeigt die Zahl 43.

Mit welcher Wahrscheinlichkeit ist im Sichtfenster

- eine Zahl mit zwei gleichen Ziffern zu sehen?
- eine durch 12 teilbare Zahl zu sehen?
- höchstens einmal die Ziffer 4 zu sehen?

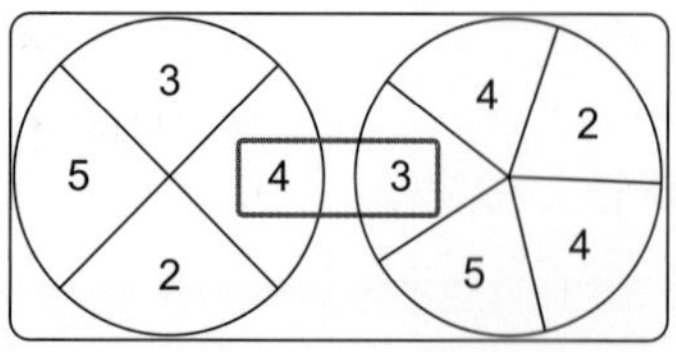

3 Punkte

Aufgabe P 4

Immer mehr Menschen kaufen im Internet ein. Die Grafik zeigt die Umsatzentwicklung des Onlinehandels in Deutschland.

- Um wie viel Prozent ist der Umsatz des Onlinehandels von 2016 bis 2019 insgesamt gestiegen?

Das Kreisdiagramm zeigt die Umsatzanteile verschiedener Bereiche am Gesamtumsatz des Onlinehandels im Jahr 2017.

- Wie hoch war der Umsatz (in Euro) für den Bereich „Freizeit und Hobby"?

Laut einer Untersuchung entfielen im Jahr 2017 allein 53,0 % des Bereichs „Elektronik" auf den Onlinehandel mit Smartphones.

- Wie viele Euro wurden nach dieser Untersuchung im Onlinehandel für Smartphones ausgegeben?

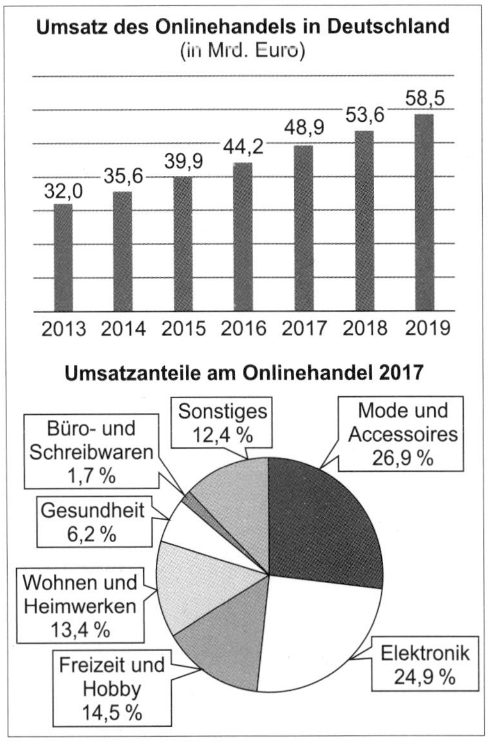

Quelle: eigene Darstellung
Daten nach: HDE Handelsverband Deutschland

3 Punkte

Aufgabe P 5

Die Parabel p hat die Funktionsgleichung $y = x^2 - 6x + 10$.
Eine Gerade g besitzt die Steigung $m = -2$.
Sie geht durch den Scheitelpunkt S der Parabel p.

- Berechnen Sie die Koordinaten des zweiten Schnittpunkts Q der Parabel p mit der Geraden g.

Die Gerade h verläuft senkrecht zur Geraden g und geht durch den Punkt Q.

- Berechnen Sie die Funktionsgleichung der Geraden h.

3,5 Punkte

Aufgabe P 6

Im Rahmen einer Umfrage wurden 25 Männer und 25 Frauen getrennt voneinander befragt, wie viele Stunden sie pro Woche lesen.

Die Ergebnisse dieser Befragungen sind in den beiden Boxplots dargestellt.

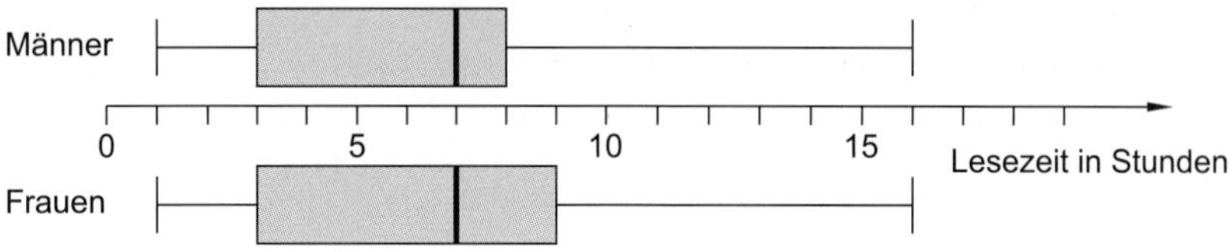

Außerdem sind die Ergebnisse der Befragungen in den beiden Säulendiagrammen abgebildet, wobei das Diagramm (2) unvollständig ist.

- Welcher Boxplot gehört zu Diagramm (1)? Begründen Sie mithilfe der Kennwerte.

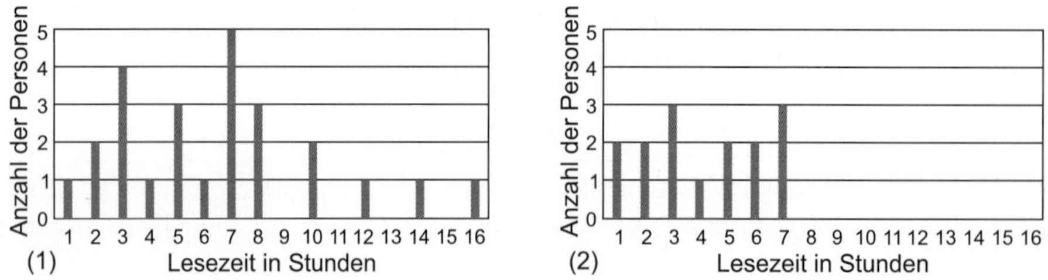

Der andere Boxplot gehört zu Diagramm (2). Hier fehlen Säulen von 8 bis 16 Stunden Lesezeit.

- Ergänzen Sie mögliche Säulen im Diagramm (2) für die Werte von 8 bis 16 Stunden Lesezeit mithilfe des zugehörigen Boxplots.

Finn behauptet: „Über die Hälfte der Männer liest 7 Stunden oder mehr pro Woche.“

- Hat Finn recht? Begründen Sie.

Wahlteil B

Aufgabe W 1

5 Punkte

a) Gegeben sind das rechtwinklige Dreieck ABC und das gleichschenklige Dreieck ADE.

Es gilt:

$\overline{AB} = 13{,}2\text{ cm}$

$\alpha = 55{,}0°$

$\overline{CE} = 8{,}0\text{ cm}$

$\overline{AE} = \overline{DE}$

- Berechnen Sie die Länge von $\overline{DF}$.
- Berechnen Sie den Umfang des Vierecks ABFE.

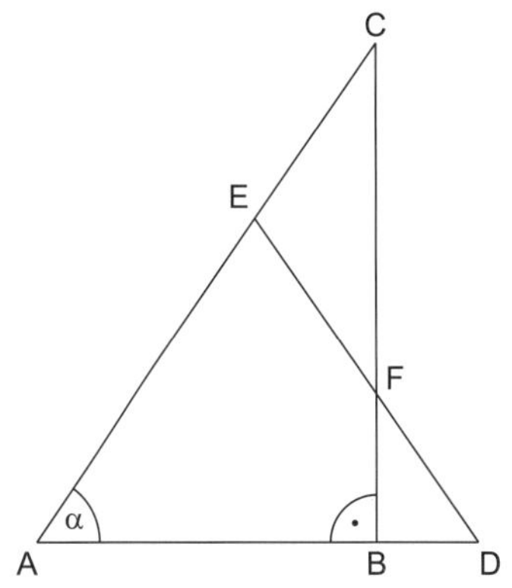

5 Punkte

b) Die Punkte $A(1\,|\,-8)$ und $B(3\,|\,-8)$ liegen auf einer nach oben geöffneten verschobenen Normalparabel p.

- Geben Sie die Funktionsgleichung der Parabel p in der Normalform $y = x^2 + bx + c$ an.

Die Schnittpunkte der Parabel p mit der x-Achse und die Punkte A und B bilden ein Viereck.

- Berechnen Sie den Flächeninhalt dieses Vierecks.

Die Geraden g und h verlaufen jeweils auf den Diagonalen des Vierecks. Sie schneiden sich im Punkt Q.

- Berechnen Sie die Koordinaten des Schnittpunkts Q.

Aufgabe W 2

5 Punkte

a) Der Punkt $A(-4\,|\,-1)$ liegt auf der Parabel p_1 mit der Funktionsgleichung $y = x^2 + bx + 7$. Die Gerade g schneidet die Parabel p_1 im Punkt A und im Scheitelpunkt S_1.

- Berechnen Sie die Funktionsgleichungen der Parabel p_1 und der Geraden g.

Durch Spiegelung des Scheitelpunkts S_1 an der y-Achse entsteht der Punkt S_2. S_2 ist der Scheitelpunkt einer nach oben geöffneten verschobenen Normalparabel p_2.

- Geben Sie die Funktionsgleichung von p_2 in der Form $y - x^2 + bx + c$ an.

Der Schnittpunkt der Geraden g mit der y-Achse ist der Scheitelpunkt S_3 der Parabel p_3. Die Parabel p_3 der Form $y = ax^2 + c$ geht außerdem durch die Scheitelpunkte S_1 und S_2.

- Berechnen Sie die Funktionsgleichung der Parabel p_3.

5 Punkte

b) In einer quadratischen Pyramide liegt das gleichschenklige Dreieck EFS.

Es gilt:

$\overline{AB} = \overline{EF} = 12,6\text{ cm}$

$\alpha = 72,0°$

$\overline{EF} \parallel \overline{AC}$

- Berechnen Sie den Flächeninhalt des Dreiecks EFS.
- Berechnen Sie das Volumen der quadratischen Pyramide.

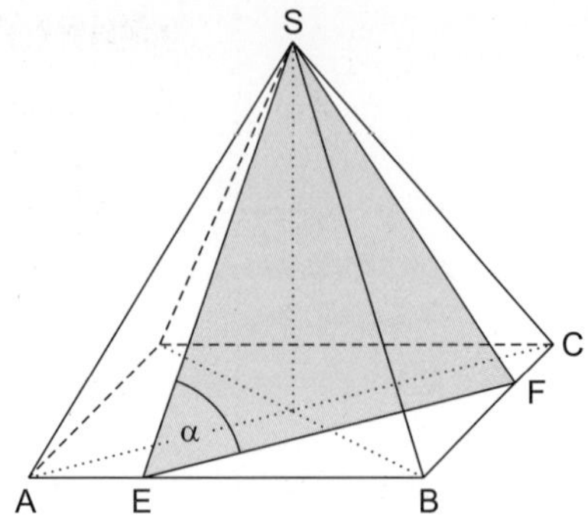

Aufgabe W 3

5 Punkte

a) Zehn gleich große Karten sind mit vier verschiedenen Symbolen (Handball, Radfahren, Laufen, Fußball) bedruckt. Sie sind nach den vier Symbolen in Stapeln sortiert (siehe Abbildung).
Die Karten werden gemischt und verdeckt auf den Tisch gelegt.
Sie werden für ein Glücksspiel eingesetzt.
Dabei werden zwei Karten gleichzeitig gezogen.
Für das Spiel wird der abgebildete Gewinnplan geprüft.

Ereignis	Gewinn
zweimal 	9,00 €
 und 	6,00 €
 und 	3,00 €
andere Ereignisse	kein Gewinn
Einsatz pro Spiel: 1,00 €	

- Berechnen Sie den Erwartungswert.

Der Veranstalter möchte langfristig pro Spiel einen Erlös von 0,50 € erzielen.

- Wie hoch muss dann der Gewinn für „ und " sein, wenn alles andere unverändert bleibt?

5 Punkte

b) Die Flugbahn eines Speers ist nahezu parabelförmig.
Der Abwurfpunkt A liegt 1,80 m über der Abwurflinie.
Der Speer erreicht nach 20 m, in horizontaler Richtung von der Abwurflinie gemessen, seine maximale Höhe von 9,80 m.

(Skizze nicht maßstabsgetreu)

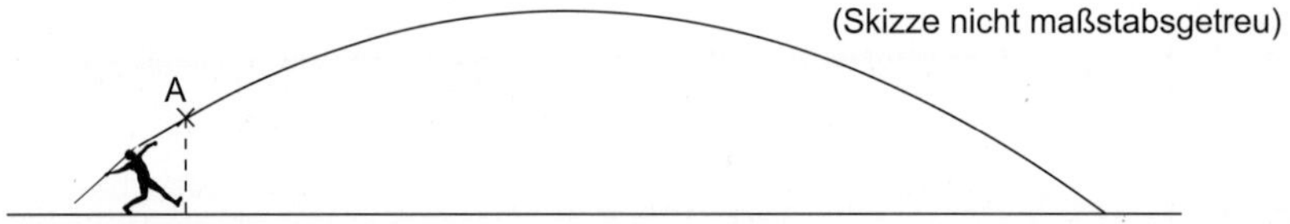

- Berechnen Sie eine mögliche Funktionsgleichung der Flugkurve des Speers.
- Wie weit fliegt der Speer?

Ein zweiter Wurfversuch kann mit der Funktionsgleichung $y = -\frac{1}{30}x^2 + 13$ beschrieben werden. Die Wurfweite beträgt 38,15 m.

- Geben Sie die Höhe dieses Abwurfpunktes an.

Aufgabe W 4

5 Punkte

a) Die Gerade g und die verschobene Normalparabel p gehen durch die beiden Punkte $A(2\,|\,3)$ und $B(6\,|\,11)$.
Der Punkt $C(4\,|\,y_C)$ liegt auf der Parabel p.
Die Gerade h steht senkrecht auf g und geht durch C.
Die Gerade h schneidet die beiden Koordinatenachsen in den Punkten P und Q.

Berechnen Sie die Koordinaten von P und Q.

5 Punkte

b) Ein DIN-A4-Blatt hat die Eckpunkte A, B, C und D.
Die Punkte M_1 und M_2 halbieren die Seitenlängen des DIN-A4-Blatts.
Das DIN-A4-Blatt wird wie abgebildet gefaltet. Der Punkt A wird zu A' und liegt nach dem Falten auf M_1.
Der Punkt C wird zum Punkt C'. Die beiden Papierkanten stoßen entlang von $\overline{M_1F}$ aneinander.

Berechnen Sie die Flächeninhalte des Dreiecks EM_1D und des Vierecks FBM_2C'.

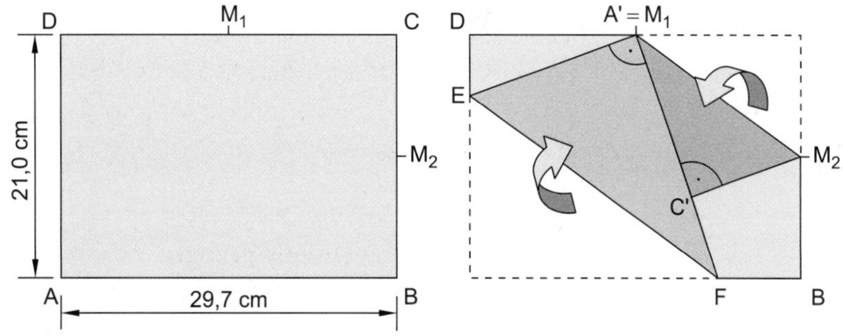

Realschulabschluss Baden-Württemberg
Mathematik 2022

Um dir die Prüfung 2022 schnellstmöglich zur Verfügung stellen zu können, wird diese in digitaler Form veröffentlicht.

Sobald die Original-Prüfungsaufgaben 2022 zur Veröffentlichung freigegeben sind, können sie als PDF auf der Online-Plattform MyStark heruntergeladen werden (Zugangscode vgl. Umschlaginnenseite).

Prüfung 2022

www.stark-verlag.de/mystark